JN425655

원자의 춤

원자의 춤

인물, 사건, 문화로 살펴보는 화학 이야기

이영식 지음

자유아카데미

들어가는 글

필자의 대학 강의 경력에 정점을 찍는 사건은 수강생들 사이에서 〈원춤〉이라고 불리는 교양 과목을 맡은 일이 아닐까 한다. 후마니타스칼리지에서 대학생 대상으로 새로운 교양 화학 과목을 개설해야 하는데, 정해진 강의 제목 때문인지 쉽게 강사를 구할 수 없어 한 학기라도 시범적으로 학장이 직접 맡아보라는 부탁을 거절하지 못한 것이 여기까지 온 것이다. 전공으로 화학을 가르치다 보면 전공 지식과 관련된 주변의 인물이나 사건, 당시의 사회상이나 문화에 관심이 생기는 것은 사실이지만, 필자 본인이 직접 그런 교양 수업을 맡으리라고는 생각하지 못했었다. 아무런 준비도 없던 터라, 강의를 부탁하신 도정일 대학장께서 원하시는 수준에 도달할 수 없다는 것을 알면서도, 일 년에 한 번씩 강의를 해온 지 어언 십 년이 넘었다.

〈원춤〉 과목의 정식 이름은 〈원자의 춤〉으로, 강의를 맡은 필자도 과목 이름이 너무 튄다고 생각한다. 강의를 처음 맡았던 때부터 지금까지도 매 학기 원자들과 어떤 춤을 추어야 할지 고민과 시행착오의 연속이었기 때문이다. 많은 대학에서 이공계 전공기초로 개설하는

〈일반화학〉, 〈화학 개론〉 같은 구성은 피하라는 것이 대학장님의 주문이었다. 생활 속 여러 화학 현상이나 화합물에 대한 지식을 다루는 〈생활 속 화학〉 수업도 가능하지만, 이미 좋은 교재와 강의가 많이 개설되어 있었다.

그렇다고 화학의 역사와 화학자들의 이야기를 집중적으로 다루는 과학사나 과학자 인물론은 비전공자인 필자에게는 부담스러웠다. 하지만 그 고민 과정에서 비전공자와 일반인이 궁금해하고 알고 싶어 하는 화학이 어떤 내용인지에 대한 실마리를 얻었다. 그 내용을 당시 상황과 함께 드라마처럼 설명하는 것이 효과적일 것이라는 생각이었다.

교양 화학 강의는 대학에만 있는 것도 아니다. 고등학교 특강, 입시 설명회, 유튜브나 팟캐스트에 다양한 수준의 일반인과 청소년을 대상으로 한 콘텐츠가 꽤 많다. 초롱초롱한 고등학생들에게 〈원춤〉에서 다루는 이야기를 들려주면 꽤 반응이 좋았다. 대학 신입생은 또 어떤가? 입시제도 때문인지 몰라도 화학에 대한 재미나 흥미를 충분히 느끼지 못하고 대학에 진학한 학생들에게 호기심과 흥미를 느끼게 해줄 필요가 있었다. 청중의 반대편에는 화장품과 의약품을 개발하고, 배터리와 반도체를 만들겠다는 거창한 포부를 가지고 화학 관련 학과에 진학했다가 막상 대학교 화학과 커리큘럼에 싫증을 내는 신입생도 있었다. 이들에게는 화학의 단편을 보지 말고, 전체를 흥미롭게 볼 수 있는 과목이나 강의가 필요해 보였다.

원자의 양자역학적 불확실성이나 통계역학적 앙상블 개념의 비유로 사용되던 "춤"이라는 단어를, 화학 그 자체를 대표하는 "원자"와 함께 조합하여 만들어진 다소 생경한 강의 이름이 화학의 딱딱함과 거부감을 넘는 열쇠가 될 수 있어 보였다. 화학도 사람이 하는 것이고, 화학자도 강의실이나 실험실을 벗어나면 사랑하며 춤추고, 좌절하고 슬퍼할 것이기 때문이다. 원자와 관련된 사람 냄새 나는 이야기, 가슴으로 접근하는 역사와 인물에 관한 이야기라는 점에서 〈원자의 춤〉은 다른 교양화학 강의와 차이가 있고 그 존재 가치를 찾는다.

여느 강의와 마찬가지로 하면 할수록 어려워지고 공부할 것이 많아지는 것을 느껴 좌절감을 느낀 적이 한두 번이 아니다. 하지만 이제 강의를 더 할 수 있는 시간과 체력이 개인적으로 얼마 남지 않았고, 겨우 여기까지 왔다는 기록을 남겨 놓기 위해서라도 모자라는 것이 많지만 교양 강의 내용으로 이 책을 엮는다. 이 책은 2010년 처음 시작한 〈원자의 춤〉 강의 녹음을 기반으로, 대중 강연이나 고등학교 화학 특강에서 강의한 내용을 더하거나 빼면서 만들었다. 수업 자료나 강의 녹음을 수강생에게 부분적으로 공개한 적은 있었지만, 책 형식으로 정리해서 묶어 낸다는 것이 가장 의미가 있어 보인다.

화학 지식을 나열하기보다는 최소한의 핵심적인 화학 개념에 집중하였고, 화학의 형성과 발전 과정, 거기에 관여했던 화학자들의 삶과 역사적 배경에 시간을 많이 할애하였다. 원자량에서 시작하여 복잡한 화학 반응식 계수 맞추기를 거쳐 계산 연습 문제를 가르치는 일반적 교양 화학 강의의 체계적 접근은 가능한 한 피했다. 수업 때도 한 주제를 이야기하다가 자연스레 관련된 다른 잡담으로 이야기가 넘어가곤 하는데, 원고를 쓰면서도 화수분처럼 퍼지는 생각의 흐름에 즐거워하며 따라가다가 "아차!" 한 적이 한두 번이 아니었다. 화학책이라고 생각하지 말고, 산만한 교수와 매주 다양한 화학 관련 주제로 잡담을 나눈다고 생각하고 자연스레 읽어간다면 독자의 충격은 덜할 것이다. 필자의 수업에 대한 학생들의 강의 평가를 보면 강의 스타일 자체가 산만하다고 하니, 이 책이 산만하게 느껴진다면 교양 화학책으로서는 가장 필자 본인답게 만들어진 것이라고 할 수도 있겠다.

조엘 레비Joel Levy와 데이비드 브래들리David Bradley가 쓴『화학 캠프』(원제 Bed side book of Chemistry, 2010)는 이 책의 스타일을 잡는 데 많은 자극을 주었다. 매 학기 강의에 흥미롭게 따라와 주고, 종강 후에도 참고하라고 직접 찍은 사진이나 자료를 보내주는 수강생들의 관심이 이 책을 더 풍성하게 만들어 주었다. 독자 여러분은 원자와 어떤 춤을 추게 될지 자못 궁금해진다.

2024년 2월

이영식

차례

들어가는 글 5

0장 종말 그 이후 13

우주의 74% 19

7732-18-5와 58-08-2 25

BTS 화학 29

1장 불과 흙 35

프로메테우스 37

요리 44

탄수화물과 단백질 48

알코올 발효 52

로얄 퍼플 57

유리 60

이집트의 화학 64

아리스토텔레스 67

그리스의 불 71

2장 공기와 물 81

철학자의 돌 84
이슬람의 화학 90
독 93
파라셀수스 97
반 헬몬트 99
저울 102
킬링 곡선 106
보일, 진공 실험, 마그데부르크 반구 111
산과 염기, 산-염기 적정 116
용해도 121
식량과 질소 125
하버-보슈 공정 128

3장 금과 산소 135

황금: 욕망의 발현 137
금값의 역사 145
다이아몬드 149
화학 결합 153
반응 속도 157
플로지스톤 162
칼 빌헬름 셸레 165

조지프 프리스틀리 168
앙투안 라부아지에 173
위대한 조연, 마리안느 폴즈 180
기록의 중요성 182

4장 원자와 주기율 191

존 돌턴 193
영국왕립협회 198
원자를 헤아리다: 아보가드로 수 204
볼타 전지 208
이온 213
험프리 데이비 215
멘델레예프 219
주기율표의 역사 224
원소 228
요제프 프라운호퍼 235
방사선의 발견 239
마리 퀴리 243
동위 원소 248
방사성 붕괴 250

참고문헌 257
찾아보기 259

0장

종말 그 이후

과학 기술의 발달, 풍요롭고 다양한 문화 활동, 그리고 인간의 상상력을 뛰어넘는 끊임없는 혁신을 통해 인류는 우주와 자연의 비밀을 깨우치며 발전해왔다. 그러나 지구에 큰 재앙이 닥쳐서 문명이 완전히 사라진다면 무얼 해야 할까? 기후변화에 따른 기상 이변이 전 세계를 강타하거나, 소행성이나 큰 운석이 떨어져 지구 생태계가 무너지거나, 지진 혹은 대형 화산 폭발, 아니면 우리가 치료할 수 없는 전염병이 퍼지는 문명의 종말 상황은 영화나 소설의 소재가 되곤 한다.

인류도 함께 멸종해버린다면 고민할 필요가 없겠지만, 문명의 이기가 모두 사라지고 인류만 살아남는 상황은 생존자들에게 최악이 아닐까? 만약 전기나 상하수도 시스템이 완전히 정지하고, 모든 출판물과 기록, 도서관과 서점이 파괴되고, 인터넷과 전화 서비스도 사라지고, 인류의 지식과 기술에 대한 기록을 구할 수 없다면 우리는 어떤 대책을 세워야 할까? 네이버 지식인이나 구글, 위키피디아 백과사전도 없고, 컴퓨터 디스크나 클라우드 서비스도 무용지물이 되어 다음 세대에게 말이나 낙서로 지식을 전달해야 하는 상황에서 극소수만 살아남은 생존자들은 원시 시대와 같은 환경에서 다시 시작해서 지금과 같은 문명을 만들어 낼 수 있을까? 그런 상황에 놓일지 모를 호모 사피엔스를 위하여 달력, 문자, 숫자 등을 만드는 것부터 시작하여 문명 재건설에 필요한 내용을 하나씩 정리해 놓은 『길 잃은 시간여행자를 위한 문명 건설 가이드』(라이언 노스 저)라는 책이 출간되기도 하였다.

물리학자 리처드 파인만Richard Feynman은 여기서 한발 더 나아가 과학기술 문명의 기본이 되는 지식을 줄이고 또 줄여 한 문장으로 압축한다면 어떤 문장이 될 것인지 알려준다. 그는 자신의 "빨간 책"(1960년대 초 캘리포니아 공과대학 일반 물리학 수업 교재) 제1권 제1장에서 "모든 것들은 원자로 되어 있고, 그 작은 알갱이는 영원히 움직이면서, 서로 멀어지면 끌어당기고 아주 가까워지면 밀어낸다"라는 문장이 인류 문명에 가장 중요하다고 말한다. 모든 물질이 원자로 되어 있고, 원자들이 서로 밀고 당기면서 움직이고 있다는 이론을 원자론이라고 부른다. 지금은 초등학생도 알고 있는 원자론을 깨닫기까지 인류는 오랜 시간을 기다려 왔지만, 그토록 고생해서 알게 된 결론이 단 한 문장으로 압축된다는 사실은 경이롭게 다가온다.

원자의 존재를 증명하느라 평생을 바친 과학자도 있었고, 원자라는 개념을 믿는다고 동료들로부터 비과학적이라고 무시받고 외면받는 시대도 있었다. 지금은 어떤가? 원자론을 모른다면 마술이나 기적이라고 밖에는 보이지 않는 일을 화학자들은 아무렇지 않게 매일 해내고 있다.

아직 원자론을 모르는 과학자를 상상해 보자. (원자론을 모르는 시대라면 과학자라는 직업이 존재하기도 전일 것이다.) 그는 주변의 물질 변화의 원리를 이해하고 싶다. 여러 실험 결과에 따라 나름 논리적으로 물질이 원자가 아닌 엉뚱한 것으로 이루어져 있다고 결론을 내릴 수도 있고, 확신과 신념에 따라 돌덩어리를 금으로 바꿀 수 있다는 불가능한 목표를 세우고 고생길에 빠질 수도 있다. 산소 원자와 실리콘 원자로 된 모래는 투명한 유리는 될 수 있을지언정 결코 금덩어리로 바뀔 수 없다는 결론을 미리 알 수 있었다면 얼마나 좋았을까? 얼음과 물과 수증기는 같은 분자라는 것을 알 수 있었다면? 무생물에 작용하여 생명 현상을 일으키는 특별한 기운, 눈에 보이지 않는 그 다섯 번째 원소를 찾으려고 평생을 낭비한 사람도 있었다. 사망 직후 몸무게의 변화를 측정하는 실험은 그 답을 알려줄 수 있었을까?

듣기만 해도 안타까운 우리 문명의 과학적 시행착오를 짧게는 백 년, 길게는 천 년 이상 줄여줄 수 있는 해답이 곧 원자론이라는 말에 공감할 것이다. 그렇다면 만약 있을지 모르는 종말과 문명의 재건설을 대비해서라도, 과학 문명의 발전을 지금보다 더 가속시키기 위해서라도 원자 이야기는 미래 세대에게 계속 전해져야 한다.

원자는 영어로 아톰atom이라고 한다. 이 말의 어원은 기원전 420년 그리스의 철학자 데모크리토스Democritus, BC 460~380가 물질을 쪼개다 보면 더는 쪼갤 수 없는 알맹이가 될 것으로 생각하여 이름 붙인 것이다. 그리스어로 아토모스atomos라는 말이 영어 단어의 어원인데, 자른다는 뜻 토모스 *tomos*에 *a*- 접두어가 붙어서 반대말을 만든 것이다. 즉, "더 이상 자를 수 없다"라는 뜻이다. 물론 그리스의 원자론은 과학적 실험을 통해서 얻어진 것은 아니고 철학적인 관념을 형상화한 것이었다. 이 개념은 물리학자나 화학자들이 생각해 낸 것도 아니고, 물질을 무한히 계속 잘라 나간다는 개념이 논리적으로 불합리하다고 생각했던 철학자들이 만든 것이다. 물질을 잘라 나가다 보면 더 이상 자를 수 없는 때가 있을 것 같고, 무한히 자른다는 개념을 받아들일 수 없어서 만들어진 관념적 결론일 뿐이었다. 기원전 5세기 그리스의 철학자 레우키포스는 세상의 모든 물질은 작은 입자로 구성되어 있다고 생각했는데 그의 제자가 데모크리토스였고, 스승의 철학을 이어받아 이 같은 주장을 내세운 것이다.

물론 반대로 생각한 철학자들도 많았다. 그리스 밀레투스 학파의 탈레스, 아낙시만드로스, 아낙시메네스 등 철학자들은 물질을 무한히 계속 자를 수 있고, 물질이 연속적으로 이루어져 있다고 생각했다. 게다가 서양 자연철학 형성에 크게 이바지한 아리스토텔레스가 물질의 마지막 알맹이인 원자의 존재를 부정하고, 입자 사이에 진공이 존재할 수 없다는 입장을 지지하자 데모크리토스의 원자론은 오래도록 잊힐 수밖에 없었다. 물질과 연속, 무한과 진공이라는 개념에 대한 고대 철학자들의 생각이 결과적으로 물질의 구성 입자에까지 적용된 것이다. 언젠가는 자신의 이론이 부활할 것을 알았기 때문일까? "웃는 철학자"라는 별명을 가지고 있는 데모크리토스는 자신의 의견이 받아들여지지 않았을 때도 크게 개의치 않았다고 전해진다. 원자의 개념은 이천 년 이상 잊혔다가 1800년대 영국의 화학자 돌턴의 원자론으로 부활한다.

우리 주변의 모든 물질은 원자로 되어 있다는 사실을 알게 되면 그 다음에는 어떨 일이 벌어질까? 과학은 스스로 움직이기 시작하여 새로운 원자를 계속 찾아내고 분류하여 주기율표를 만들고, 원자들이 모여 분자가 된다는 것을 알아내고, 분자들의 화학 반응을 화학 결합의 변화로 이해할 수 있게 된다. 2000년 전에는 세상에서 제일 똑똑한 철학자도 잘 몰랐지만, 오늘날에는 모든 초등학생이 알고 있는 이 하나의 명제에서 바로 우리가 누리는 지금과 같은 과학 문명이 시작된 것이다. 리처드 파인만의 통찰에 동감하는 나는 돌잔치에 가면 생일을 맞은 아기에게 꼭 귓속말로 속삭여 주곤 한다.

"이 말을 꼭 기억하렴. 이 세상 모든 것들은 원자로 되어 있단다."

혹시 이 문장에 데자뷔 같은 기시감이 들며 소름이 돋는 독자가 있는가? 이유도 없이 화학이 왠지 끌리는 학생이 있는가? 부모님이나 할머니 할아버지한테 여쭤보시라. 어쩌면 그분 중 누군가, 아니면 우연히 여러분의 돌잔치에 들린 어느 화학과 노교수가 여러분에게 원자론을 속삭여 주었을지도 모르니까.

우주의 74%

코넬 대학교 천문학과에 재직했던 칼 세이건 교수는 금빛 레코드판에 그림과 신호를 새겨 보이저호에 실어서 태양계 밖으로 내보냈다. 어딘가에서 만날지 모르는 외계의 지적 생명체에게 이 탐사선이 어디서 왔는지를 알려주기 위해서였다. 외계의 지적 생명체를 만나면 어떻게 대화를 풀어나갈까? 스티브 스필버그 감독은 영화 〈미지와의 조우〉에서 신시사이저 음악과 현란한 무대 조명을 사용하고, 소설가 테드 창은 비선형 문법을 통해서 외계인과 소통하는 것을 상상했다.

외계인이 너무 생뚱맞다면 현실과 꿈, 메타버스나 다른 시공간 차원을 현실과 구분하기 위한 방법은 없을까? 지금이 꿈인지 현실인지, 내가 사람인지 인공지능인지 알 수 없는 존재를 만나면 나는 주기율표에 대해서 물어볼 것이다. 만약 그가 쓰는 주기율표가 내가 아는 "리나카베마카…"로 시작하는 주기율표라면 (원소 이름은 다를 수 있겠다.) 그가 어떻게 생겼든 우리는 같은 시공간에 살고 있는 존재라고 믿을 수 있고, 웃으면서 악수하고 공통의 화제를 풀어나갈 수 있을 것이다. 주기율표만큼은 과거에도 미래에도, 지구나 다른 은하계에서도 118가지 원소만으로 이루어져 있을 것이기 때문이다.

같은 종류의 원자를 원소element라고 한다. '수소, 산소'하는 원소가 개념적이고 집합적인 개념이라면, 원소를 이루는 실제는 원자라는 알맹이다. 예를 들어 물은 물의 성질을 가지는 최소한의 단위인 물 분자를 생각할 수 있는데 H_2O로 표시한다. 분자를 이루는 더 분해할 수 없는 세 개의 원자는 수소 원자 두 개와 산소 원자 한 개이다. "수소, 우주의 75%"라는 어느 자동차 회사 광고의 카피가 있듯이 우리 은하계 주변을 분석한 결과를 보면 질량으로 볼 때 수소가 74% 그리고 24%는 헬륨이라고 한다. 주기율표에 118종류의 원소가 있지만 은하의 98%가 단 두 개의 원소뿐이라니. 중고등학교 화학 시간에는 시험 준비하면서 "원소 20개를 외워라, 30개를 외워라"하지만, 사실 우주에서 중요한 원소는 딱 두 개만 알면 되는 것이다. 주기율표의 첫 번째 가로줄, 제1주기에 있는 수소와 헬륨 두 원소로 우주의 구성 성분이 거의 모두 끝나기 때문이다.

우리 은하는 같은 주기율표를 쓰고, 우리 은하의 74%가 1번 원소인 수소로 되어 있다면, 지구라는 행성은 어떤 원소로 이루어져 있을까. 오랜 시간이 지나고 지구의 물질계가 평형을 이루며 내부적으로 순환하게 되자, 지구를 이루고 있는 원소는 철 35%, 산소 30%, 규소 15%, 마그네슘 13% 정도가 되었다. 경험적으로 철이 산소보다 많을 리 없다고 느낄 것이다. (고철 삽니다!) 일리가 있는 지적이다. 철은 지각에는 많지 않지만, 인간이 들어갈 수 없는 깊은 지구 내부에 많이 모여 있기 때문이다. 지진파의 속도가 변하는 경계면으로 지구 내부 구조를 추측해 보면 고전적으로 지각, 맨틀, 외핵, 내핵의 네 부분으로 나눈다. 지구 중심에서 3500 km까지를 핵(외핵과 내핵)으로 분류한다. 지구 핵은 철이 91% 이상으로 풍부하게 모여 있을 것으로 추측된다.

지구는 거대한 씨를 가진 복숭아 모양이다.

과일에 비유하자면 지구는 반지름의 반을 거대한 씨가 차지하는 복숭아 모양이라고 할 수 있다.

그렇다면 첨단 토목기술을 이용하여 땅속 깊이 파 들어가 철을 가져올 수 있을까? 생각보다 쉽지 않다. 지하로 들어갈수록 압력과 온도가 올라가기 때문에 지구 맨틀을 지나 깊이 내려갈 기술적 방법이 아직 없기 때문이다. 최근 화제가 되고 있는 대심도지하열차라고 해도 깊이가 50 m 정도이고, 서울에서 가장 깊게 파고 만든 녹사평 지하철역도 지하 30 m 깊이이다. 지구 반지름 6371 km와 지각 두께 35 km에 비하면 인간은 지구라는 복숭아의 껍질 두께도 뚫고 내려가지 못하고 있다.

지구의 껍질, 즉 지각을 구성하고 있는 원소 비율을 알아보면 우리 경험과 일치하는 결과를 얻는다. 지각에는 산소와 규소가 모래나 암석 형태로 많기 때문에, 산소 47%, 규소 28%, 알루미늄 8%, 철 5%의 순서로 원소들이 존재한다. 대기권에는 질소와 산소, 바다에는 산소와 수소가 많은데 지구 어디를 보아도 우주에서 흔하디 흔한 수소나 헬륨은 적고, 구하기 힘든 철과 산소, 규소가 많다는 것을 알 수 있다. 수소는 원소 중 가장 가벼워서 다른 원자와 결합하지 못하면 그 자체는 설령 지구 대기에 존재해도 결국 우주로 빠져 나가 버리고 말았을 것이다.

바이러스 같이 독특한 존재를 제외하면, 돌이나 금속은 무생물, 식물과 동물은 생물로 분류한다. 진흙 속에서 자라 아름다운 꽃을 피우는 연꽃이나, 맨땅에서 햇빛과 물만 주었는데 달콤한 포도를 영그는 포도나무, 젖먹이로 태어나서 자라나 우주와 자아에 대한 질문을 던지는 인간을 보면서 우리 선조들은 생명체와 생명 현상을 신의 은총이나 기적으로밖에는 설명할 수 없었을 것이다. 그래서 복잡한 조직과 부분이 모여 큰 목적에 맞게 움직이고 작동하는 조칙체를 유기체有機體, organism라고 부르며, 생명 현상은 유기체만의 특징으로 생각하였다. 이에 따라 유기체인 생물에서 기원한 유기물질organic은 생명체만 만들어 활용하는 독특한 물질로, 일반 광물이나 금속과 같은 무기물질inorganic과는 질적으로 다르게 생각하였다. 불경스럽게도 이런 믿음에 반기를 드는 과학자들도 가끔 있었으니, 1828년 독일의 화학자 프리드리히 뵐러Friedrich Wöhler, 1800~1882는 무기물인 사이안산 암모늄을 가열하여 유기물인 요소를 합성해 냈다. 유기물을 실험실에서 무기물로부터 합성할 수 있다는 것을 보여 준 것이다.

$$H_4NOCN \rightarrow (H_2N)_2C=O$$

실험실 시약장의 냄새나는 무기 화합물에서 생명의 신비를 간직한 유기물을 합성해 내다니. 그의 발견은 현대 화학에서 이성질화 반응이라고 불리는 단순한 것이었지만, 화학자들은 이제 유기물과 무기물을 넘나들며 물질을 합성하기 시작하였고 유기화학 분야가 꽃피는 계기가 되었다.

원소 구성으로 보면 유기물은 탄소, 수소, 산소, 질소로 이루어진 화합물이 대부분이다. 몇 가지 안 되는 원소의 조합만으로 세상에 있는 수많은 유기 화합물이 만들어진다는 것은 놀랍기만 하다. 산소, 질소는 지각이나 대기에 많지만 그에 비하면 양이 적은 탄소, 수소로 되어 있는 유기 물질과 거기에 의존하는 우리 몸을 생각하면 생명은 지구에서 기적 같은 가능성을 가지고 유지되고 있다고 할 수 있다. 뷜러는 1823년 하이델베르크 대학에서 의학박사 학위를 받고, 스웨덴 스톡홀름의 베르셀리우스 밑에서 화학을 더 배운 후 독일에 돌아와 1836년부터 괴팅겐 대학 화학과 교수로 많은 업적을 내었지만, 무기물에서 유기물을 합성한 실험이야말로 화학사에서 철학적, 역사적 의미가 가장 크다 할 수 있다.

유기물을 구성 원자로 이해한다고 해서 유기체나 생명의 신비가 완전히 사라지는 것은 아니다. 우리 몸을 이루는 원소들의 조성을 알고, 각 분자를 모두 이해하면 인간이라는 생명체를 모두 이해할 수 있을까? 만약 모터사이클의 마지막 나사 한 개까지 분해해 놓고 나서 여러분은 뭐라 할 것인가? 모터사이클의 구성 부품들을 모두 알아냈으니 모터사이클의 불규칙적인 엔진음과 매콤한 배기가스를 이해할 수 있을까? 구성 성분들이 많이 모여 새로운 성질이나 기능을 보이는 것이 시스템의 중요한 특징이다. 시스템을 이해하는 것은 그 구성 성분을 이해하는 것에서 시작하지만, 결코 그것만으로 충분하지 않다!

가령 우리 몸은 심장과 혈관 등으로 구성된 기관계로 되어 있고, 각 기관계는 조직과 기관으로 되어 있으며, 이들은 세포와 분자로 이루어져 있다. 분자는 원자로, 원자는 양성자와 전자로, 양성자는 다시 소립자로……. 현대 과학은 유물론과 환원주의적 시각으로 끝없이 구성 성분을 파헤쳐 나가 인간이 지각할 수 있는 한계, 검출할 수 있는 한계에 다다르고 있다. 세포막을 원자 수준에서 볼 수 있다고 생각해 보자. 안정되고 튼튼한 주머니인 줄 알았던 세포막이 매끈한 비널봉지 모양이 아닌 것을 알고 놀랄 것이다. 단백질과 인 화합물 등이 출퇴근 시간 만원 지하철 속 사람들처럼 좁은 영역에 모여서 세포막을 만들고 있기 때문이다. 세포막에 전기적인 인력이 가해지거나, 친수성과 소수성 같은 분자의 전기적 성질이 바뀌면 세포막을 이루고 있던 분자들은 쉽게 흩어질 수도, 더 튼튼하게 밀집될 수도 있다. 세포막의 성질과 기능을 구성 분자로만 설명하기에는 어려움이 있는 것처럼 화학은 미시적 관점과 거시적 관점을 함께 사용하며 원자와 현실을 연결하는 다리 역할을 한다.

7732-18-5와 58-08-2

자연사 박물관에 갔다가 축구장만 한 공간에 화석 뼈를 잔뜩 모아 놓고, 그 일부를 전시품으로 진열해 놓은 것을 본 적이 있다. 그 많은 화석을 쌓아 놓고 하나씩 들여다보고 분류하며 이론을 세워 나간 고생물학자들에게 존경심이 생길 수밖에 없었다. 모든 학문의 발전은 수집과 분류, 그리고 체계적인 이름 붙이기(명명법nomenclature)로 시작하는 것 같다. 근대적 화학이 형성되기 시작하는 때에는 물질이 원자로 되어 있다는 것을 알아도, 이 물질들을 체계적으로 분류하는 것이 더 급한 일이었다.

화학자 유스투스 폰 리비히Justus von Liebig, 1803~1873의 가장 큰 업적 중 하나는 탄화수소를 체계적으로 구분하는 방법을 생각해 낸 것이었다. 그의 제자 아우구스트 케쿨레Friedrich August Kekulé von Stradonitz,

1829~1896는 결합손이 4개인 탄소 원자 6개와 결합손 1개인 수소 원자 6개로 만들어진 벤젠의 구조에 대해서 고민하다가 꿈속에서 벤젠 구조를 생각해냈다는 일화를 남길 만큼 화합물의 분류와 구조에 관심을 가졌다.

화학자는 물질을 여러 가지 기준으로 분류해 보곤 한다. 고체, 액체, 기체, 플라스마처럼 물질의 물리적 상태에 따라 분류하기도 하고, 전기적 성질이나 자기적 성질에 따라 분류하기도 한다. 그 물질이 한 종류의 물질로만 되어 있는지, 두 개 이상의 물질로 되어 있는지에 따라 순물질과 화합물로 분류할 수도 있다. 예를 들어 수소, 산소는 홑원소 물질이지만 물은 화합물이다. 수소와 산소가 화학적으로 결합을 해서 만들어진 화합물이 물 분자이고, 물 분자만으로 이루어진 증류수는 순물질이라고 부른다.

화학 지식이 있는 독자라면 물은 H_2O로 산소와 수소로 되어 있으니 순물질이라고 할 수 없다고 생각할지 모른다. 그럴 때는 혼합물과 화합물의 구분이 필요해진다. 물 분자는 수소(H_2)와 산소(O_2)의 혼합물과는 다른 화학적 성질을 가지는 새로운 종류의 화합물이다. 수소와 산소의 혼합물이 들어있는 유리병과 수증기가 들어있는 유리병에 각각 성냥불을 던진다면 어떻게 될지 상상해 보라.

이번에는 증류수와 소금물을 생각해 보자. 둘 다 무색투명하게 보이지만 맛을 보기 전까지는 겉으로 봐서 구별해 내기 힘들 것이다. 증류수처럼 한 가지 화합물로만 되어 있는 순물질인지, 아니면 소금물처럼 두 종류 이상의 순물질이 섞여 있는 혼합물인지를 따져야 한다. 금가루를 물에 섞어도 혼합물이고, 소금을 물에 섞어 녹여도 혼합물이다. 그런데 금과 물의 혼합물은 금가루가 아래 가라앉아 혼합물의 윗부분과 아랫부분의 금 농도가 다르다. 이처럼 혼합물의 영역에 따라서 농도가 다르면 불균일 혼합물이라고 부른다. 소금물은 윗부분이나 아랫부분이나 소금의 농도가 같으니 균일 혼합물이라고 부른다. 광고에서는 소주를 흔들어서 마시지만, 소주는 에틸 알코올과 물의 균일 혼합물이므로 흔들지 않아도 소주 첫 잔과 마지막 잔의 농도가 달라지는 일은 없다.

똑같이 '수소'라고 부르지만 수소 기체는 수소 원자 두 개가 결합한 분자 상태로 존재한다. 원자는 종류가 다르면 새로운 원자가 필요하지만, 새로운 종류의 분자가 만들어지는 과정은 원자와 분자 사이의 화학 반응으로 그 조합이나 배치가 달라지는 것이다. 예를 들어 사이안산 암모늄과 요소는 모두 원자의 종류와 개수는 같은데 그 결합 순서, 즉 원자의 배치에 따라 다른 화합물로 유기물이 되기도 하고 무기물이 되기도 한다. 따라서 원자의 종류는 유한하지만 분자의 종류는 거의 무한하다고 할 수 있다.

우주에 118종류의 원소가 있다면 세상에 모두 몇 종류의 분자가 있을까? 나도 답은 알 수 없지만 여태까지 알려진 분자가 모두 몇 종류나 되는지 추정할 수는 있다. 출생신고를 하면 주민등록번호가 주어지고, 자동차를 사면 차대번호나 차량번호판을 붙이는 것처럼 모든 분자에 고유 번호를 붙여 주는 서비스가 있기 때문이다. 미국 화학회 ACSAmerican Chemical Society의 화학정보색인 서비스 Chemical Abstract System(CAS)를 이용하면, 1800년대 초기부터 출간되는 화학 관련 논문이나 보고서에 나오는 물질 대부분과 1957년 이후에 나온 문헌이나 특허에서 언급되는 모든 화합물에 대한 고유 번호를 찾을 수 있다. 이것을 CAS 등록번호CAS registry number, RN라고 한다. 물의 CAS 등록번호는 7732-18-5이다. 분자식에 따라 규칙을 정해놓고 고유번호를 부여하는 것이다.

미국 화학회에 따르면 2020년 말 현재 1억 7천만 개의 화합물에 CAS 등록번호가 부여되었다고 하니, 현재 1억 7천만 종류의 분자가 알려져 있다고 할 수 있겠다. 더 놀라운 것은 CAS RN을 배정받고자 신청하는 새로운 물질이 매일 평균 15,000개씩 접수되고 있다는 점이다. 지금 순간에도 누군가는 어딘가에서 새로운 물질을 만들거나 찾아내고 있고, 미국 화학회에 새 CAS 등록번호를 요청하고 있는 셈이다.

요즘이야 인터넷 검색, 대용량 저장장치와 데이터베이스가 일상 용

58-08-2에 7732-18-5만 탄다고 맛있는 커피가 얻어지지는 않는다.

어가 되었지만, 컴퓨터나 인터넷이 존재하지 않던 1907년 화학 논문이나 연구결과를 읽고 요약해서 정리를 시작하고, 1950년대 후반부터 화합물에 등록번호를 부여하고 이들이 어느 논문이나 특허에서 인용되었는지를 데이터베이스로 만들어 매달 출판하는 일을 생각해낸 미국 화학회에 경의를 표하고 싶다. 물론 그 데이터베이스는 대학이나 기업에서 유용하게 쓸 수 있어서 무료로 사용할 수 있는 것은 아니었지만, 그렇다고 수익성만을 생각하고 시작한 서비스도 아니었다. CAS 등록번호 덕분에 전 세계 화학자들이 화합물을 이야기할 때 혼란이 줄어들었다. 화학이 너무 좋은 여러분이 말이 통하지 않는 곳을 여행하더라도 커피숍에 들어가 7732-18-5과 58-08-2를 쓴 메모를 내밀면, 화학 전공 바리스타가 있다면 눈을 찡긋하고 맛있는 아메리카노 한 잔을 만들어 줄 것이다. 참고로 58-08-2는 카페인의 CAS RN이다.

BTS 화학

화학을 한마디로 정의하면 무엇인가? 대학교 1학년 때 제리 마치Jerry March의 일반화학 교재에 쓰인 내용을 보고 황당해했던 기억이 난다.

"화학은 화학자가 하는 모든 활동으로 정의된다."

그런데 화학자의 정의는 "화학을 하는 사람"이므로 이런 순환적 정의는 모순이 아닌가. 나중에서야 저런 재귀적 정의가 현학적으로 쓰였다는 것을 알게 되었다. 가령 리처드 스톨만Richard Stallman이 제창한 GNU 운동은 GNU is Not Unix의 약자라고 설명하고, 영화 〈인셉션〉(2010)에서 꿈속에서 꿈을 꾸는 상황도 유사한 형식이라고 할 수 있다. 여러분이라면 화학을 어떻게 정의할 것인가? 화학은 어떤 학문보다도 범위가 넓어 정의가 쉽지 않으므로 이런저런 재치 있는 답도 많이 나올 수 있을 것이다. 미국 스탠퍼드 대학의 리처드 제어Ricahrd Zare 교수는 화학을 3M, 즉 Making, Modeling, Measuring으로 정의하였다. 어떠한 이름으로 불리던 물질을 합성하거나, 물질에 대한 모델을 만들거나, 물질을 측정하는 활동 중 하나에라도 관계가 있다면 모두 화학이라고 할 수 있다는 것이다. 만약 화학을 너무 좁게 정의하면 물질세계의 중심 학문인 화학이 도리어 존재감이 사라져 고사할 가능성이 있다고 주장하였다.

그 말에 공감하는 나는 화학 대중 강연 기회가 있으면 3M 사의 노란색 포스트잇 메모지를 보여 주는 슬라이드로 강연을 시작하곤 했다. 그러나 2010년대에는 포스트잇보다 좀 더 자극적인 슬라이드가 필요해졌다. 아이돌 그룹 2PM을 빌려 Produce, Predict, Measure의 세 단어를 화학의 정의로 생각해낸 것이다. 2PM 그룹의 멋진 수영장 사진이 들어간 슬라이드가 화제가 된 것도 잠시, 아이돌의 인기는 영원하지 않았다. 2020년대에 들어서는 2PM이 누구인지 모르는 청중 앞에서 강의를 해야 했기 때문이다. 깊은(?) 고민 끝에 이름만 들어도 화제가 되는 아이돌 그룹 BTS를 끌고 와 보았다. 과연 학생들의 반응은 어느 때보다 좋아져서, 'BTS로 화학을 정의하는 할아버지 교수'로 나름 알려지게 되었다.

화학을 BTS 세 글자로 시작하는 단어들로 정의해보자. B로 시작하는 단어는 비커가 있다. 비커는 바닥은 평평하고 한쪽에 액체를 부을 때 편리하도록 새의 부리beak 모양 주둥이가 있는 유리그릇을 말한다. 비커를 써서 물질을 섞고 끓여 새로운 물질을 만드는 일이 화학의 첫 번째 특징이다. 이는 물질을 변형시키고 새롭게 만들어내는 것이 화학의 중요한 활동이라는 뜻이다.

두 번째 글자 T는 Thinking이다. 화학이 주먹구구식으로 밤새며 실험만 하는 것이 아니다. 화학 반응에 관한 여러 이론적인 모델을 만들고, 이런 모델이나 법칙을 이용하여 논리적으로 화학 반응을 시도한다. 화학자는 때 묻은 실험복에 헝클어진 머리와 잠을 못 자 충혈된 눈으로 기약 없는 결과를 얻기 위해 로또 번호 맞추기처럼 눈에 띄는 모든 시약을 비커에 넣고 끓이는 사람이 아니다. 물론 다양한 시약을 가능한 경우의 수대로 조합하여 반응시켜서 결과물들을 분석해 보는 조합 화학이라는 분야도 있지만, 그때도 어느 정도 화학적 모델이나 이론을 사용해서 예측하고 조합하여 실험을 진행한다.

이론이나 모델의 예측이 부실하더라도 실험에 모델을 사용하는 것은 매우 중요하다. 원하는 결과가 나오지 않아도 왜 그런지 생각해보고 처음 이론을 수정 보완하는 방식이 사용되면서 화학이 과학으로 대접받기 시작했기 때문이다. 그런 의미에서 화학은 T를 빼놓고는 이야기할 수 없다. 대학 은사님 중 한 분은 “화학자가 몸이 힘들면 낙제다. 생각하느라 머리가 아프고 힘들어야 A다.”라고 하셨었는데 뜻있는 말이라고 생각한다.

BTS의 마지막 글자 S는 검출장치라는 뜻의 영어 단어 Sensor(센서)의 첫 글자이다. 물질의 종류와 양을 측정하는 작업은 화학의 기본이기도 하다. 시료나 불순물의 질량이나 부피, 농도를 정확히 측정하는 일도 화학이 한다. 아주 적은 양을 결정하는 미량 분석은 현대 소재 산업에서 매우 중요하다. 예를 들어 반도체를 만드는 규소 웨이퍼는 순도가 매우 높아야 하는데, 그 말을 거꾸로 하면 불순물의 농도가 매우 작아야 한다는 뜻이기도 하다. 9-9 웨이퍼라고 하여 9가 9번 나오는, 99.9999999% 순도의 규소를 사용하겠다는 뜻이고, 여기에 불순물의 종류와 양을 정확히 조절하여 섞으면 원하는 성질을 가지는 반도체 재료가 된다.

미량 분석이 활약하는 또 다른 예는 올림픽 때마다 화제가 되는 도핑검사이다. 출전 선수들은 누구나 금메달을 따고 싶어 하며, 자의로 혹은 타의로 스테로이드 같은 금지약물의 유혹에 노출된다. 도핑 검사는 10 ppb(ppb는 part per billion의 약자로, 10억분의 1을 의미한다.) 정도까지 매우 철저하게 진행된다. 시료 1.0 kg에 0.0001 mg 들어있는 정도에 해당되는 극미량을 정확하게 분석해 내는 일을 KIST 도핑컨트롤센터에서 하고 있다. 1988년 서울 올림픽 때 설립된 이 기관은 2020년 세계도핑방지기구에서 인정한 세계 TOP 3 도핑검사기관에 선정되어 역시 메달권에 들어가는 실력을 보여 주고 있다. 아직 도핑센터가 사용하는 분석기기까지 100% 국산화하지는 못했지만, 분석방법과 분석인력의 우수성이 확보되어야 가능한 성취이다. 오죽하면 민감한 도핑검사 안건이 발생하면 몰래 KIST 도핑컨트롤센터로 SOS를 치는 올림픽 개최국이 있다고 하겠는가.

누군가에게 BTS의 음악이 꼭 필요한 것처럼, BTS 화학은 오늘날 과학기술과 풍요로운 삶에서 떼려야 뗄 수가 없는 존재가 되었다. 물질을 다루는 세상, 물질로 경제활동이 이루어지는 세상, 생명현상을 원자와 분자로 이해하는 세상에서 화학의 활약은 계속되고 있다.

관련 화학 개념

■ **원자(原子, atom)**

물질을 이루는 기본 단위. 원소(element)를 구성하고 있는 화학적 성질을 유지하는 가장 작은 입자이다. 화학 반응을 통해 더 이상 쪼갤 수 없다. 원자의 중심에는 원자핵이 있고 그 주변은 전자들로 둘러싸여 있다. 원자 번호로 구분한 원소의 개수는 118개이다.

■ **화학의 정의**

- 3M 물질을 만들고(Making), 성질을 일반화하고(Modeling), 측정하는(Measuring) 활동
- 2PM 물질을 만들고(Produce), 성질을 예측하고(Predict), 측정하는(Measure) 활동
- BTS 물질을 만들고(Beaker), 성질을 생각하고(Thinking), 측정하는(Sensor) 활동

1장

불과 흙

프로메테우스

뉴욕 맨해튼 중심가 48번가와 51번가 사이에 위치한 록펠러 센터는 뉴욕 관광명소 중의 하나이다. 모든 것이 장밋빛이던 1928년, 공학적 자신감과 경제적 풍요로움, 황금빛 미래에 대한 낙관론에서 기획 설계된 이 건물은, 일 년 뒤 미국 주식시장이 갑자기 붕괴되면서 2년여간 시가 총액이 1/5까지 떨어졌던 경제 대공황에도 불구하고 공사가 진행되어 1931년에 완공되었다. 록펠러 센터는 맨해튼 89,000 m^2 부지에 14개의 높은 건물을 지어 연결한 지금 봐도 어마어마한 도시 재개발 사업이었다. 현대자동차 그룹이 2014년 당시 10조 5천억 원에 매입한 서울 삼성동 일대 부지(약 79,000 m^2)보다 10% 이상 넓은 땅이니 그 규모를 짐작할 수 있을 것이다.

록펠러 센터 중앙 인공폭포 앞에는 금박을 입힌 멋진 동상이 있는데, 신화 속 프로메테우스가 제우스에게서 불을 훔쳐 인간에게 황급히 날아가는 모습을 형상화하고 있다. 만약 여러분이 록펠러 센터나 삼성동 글로벌 비즈니스센터 같은 대규모 도심 개발을 하고 중앙에 상징적이고 어울리는 조각을 만들어 달라고 의뢰받는다면, 어떤 주제를 가진 동상을 만들 것인가? 미국의 조각가 폴 하워드 맨쉽Paul Howard Manship은 자연을 정복하고 현대 문명을 가능하게 해준 지식과 기술에 주목하고, 불을 사용하는 인류를 상징적으로 표현하였다. 불씨를 들고 나오는 프로메테우스의 황금빛 동상 뒷벽에는 아에스킬로스Aeschylus의 희곡 한 문장을 설명으로 써 놓았다.

> "Teacher in Every Art, Brought the Fire That Hath Proved to Mortals a Means to Mighty Ends."

멋진 해석은 독자들에게 맡겨 보지만, 자연을 정복하고 문명을 발전하는 데 불을 자유자재로 다룰 수 있게 된 인간들이 신의 경지에 도전하고 있다는 자신감이 숨겨져 있는 것은 분명하다.

프로메테우스에 대한 신화는 여러 버전이 있지만 아에스킬로스의 프로메테우스 3부작 희곡에서는 제우스의 불을 훔친 죗값을 치르기 위해 대장장이 헤파이스토스에 의해 끌려가 코카서스 산 꼭대기 바위에 쇠사슬로 묶이는 존재로 그려진다. 그가 받은 벌은 낮에는 간을 쪼아 먹히고, 밤에 간이 회복되면 다음날 또 쪼아 먹히는 고통이 반복되는 것이다. 이 장면에서 프로메테우스는 자신을 변호하는 연설을

록펠러 센터의 프로메테우스 동상

하는데, 인간이 불을 사용하게 된 것과 그로 인해 인류의 문명이 발전하는 과정을 설명한다. 다른 신화에서는 제우스의 명령으로 프로메테우스가 인간을 창조했다고도 한다. 자신의 창조물이 대홍수를 겪고 불 없이 비참하게 살아가는 것을 본 프로메테우스가 여러 기술과 과학을 가르쳐주고 불도 전해주었다는 것이다.

하지만 인류에게 고마운 일을 하고도 프로메테우스가 심한 벌을 받는 이유는 무엇일까? 제우스의 불을 훔쳐 인간에게 준 것이 신의 입장에서 보면 제우스의 권위에 도전하는 매우 불경한 행동이기 때문이다. 대중들이 제우스를 섬기기를 원하는 사람들은 프로메테우스를 약삭빠르고 규율을 지키지 않는 반항아, 언제나 성급히 비난하기를 좋아했던 티탄 족의 일원으로 묘사하기도 하였다. 인간이 똑똑하다고 신을 속이거나 권위와 맞서면 안 된다는 점을 강조하는 것이다. 신에 의해 확립된 우주와 사회 질서를 순응해야 하는 인간 군상, 신에게 맞설 수는 없지만 비판의 목소리를 내거나 신의 계명을 잠시라도 속여야 살 수 있는 인간의 한계와 양면성이 나타낸 신화이기도 하다.

세계 대공황 중에 거대한 록펠러 센터를 완공하고 프로메테우스 동상을 광장 한가운데 배치한 것이야말로 인간의 자신감 혹은 오만함의 표현이다. 그로부터 이십여 년이 지난 1947년 새로 발견된 61번 원소에는 프로메테우스에서 유래한 프로메튬이라는 이름을 붙이기도 했는데 한창 원자폭탄과 원자 에너지에 대해 알게 되던 때였다. 원하든 원치 않든 프로메테우스가 되고 싶은 과학자들도 꽤 있는 모양이다.

인류 역사에서 큰 전환점은 불을 사용하기 시작한 것이다. 역사적으로 인류가 어떻게 불을 다루게 되었는지는 알 수 없다. 약 30만 년 전 네안데르탈인 유적에도 불의 흔적이 남아 있어 그때도 불을 사용했으리라 추측할 뿐이다. 아마도 벼락이나 산불, 화산 폭발 같은 자연 발화를 통해서 불을 얻고 이용했을 것으로 추측할 수 있다. 여느 동물처럼 인류 조상도 처음에는 불을 무서워하였겠지만 결국 자연으로부터 얻은 불을 꺼뜨리지 않고 잘 보관하여 유용하게 사용하게 되었을 것이고, 나뭇가지를 비비거나 부싯돌을 부딪쳐 불을 일으키는 방법을 터득했을 것이다.

일단 불을 다루게 되면 그 쓰임새는 많다. 불을 피워 추위를 피하고 난방 효과를 얻으며, 어두울 때 빛을 제공받는다. 인류의 조상을 맹수의 공격에서도 안전하게 보호해 주었을 것이다. 그러다가 숲에 불을 질러 개간하거나 동물 사냥에 활용하는 것이 70~90만 년 전부터 가능했던 것으로 보인다.

인류가 만지고 겪은 여러 재료와 화학 반응을 이용하여 문명이 발전해 왔다면, 반응에 필요한 에너지원은 첫 번째가 태양이고 그다음은 바로 불이었을 것이다. 선사시대부터 인류는 축축한 점토를 그릇 모양으로 빚은 후 태양열로 굳혀 사용했을 것으로 보인다. 하지만 불을 사용할 수 있게 된 후, 인류는 점토 그릇을 가마에 넣어 구우면 도자기처럼 딱딱해지고 물에도 잘 견디는 그릇이 되는 것을 알아내었다. 고대 시대부터 점토를 260~280℃로 가열하여 벽돌, 항아리, 도자기(세라믹)를 만들었다.

세라믹은 좁은 의미로는 점토를 이용하여 만들어진 그릇이나 도자기를 의미하지만, 화학에서는 금속이 아닌 비금속 무기물질로 가열하여 굳어진 모든 고체 화합물 종류를 의미한다. 이런 열처리 방법을 하소calcination, 煆燒라고 하는데 고체나 반죽의 휘발성 성분을 제거하는 것을 말한다. 세라믹은 종류가 다양한데 벽돌, 기와, 도자기와 같은 250~300℃의 불로 구운 전통적인 세라믹 제품뿐 아니라 시멘트, 콘크리트, 유리도 세라믹 화합물로 분류한다. 세라믹은 고체이지만 금속과는 다른 독특한 성질을 가지고 있다. 일반적으로 고온에서도 단단하고, 마모에 잘 견디며, 산소나 물에 대한 부식저항성이 높다. 예를 들어 알루미늄은 660℃에서 녹지만, 산화알루미늄 세라믹은 2000℃에서도 녹지 않는다. 또 금속보다 밀도가 낮아 가볍고, 상온에서 열과 전기의 절연체이기 때문에 전기 차단막으로 이용될 수도 있다. 2011년 퇴역한 미국의 우주왕복선이 지구 대기권으로 재진입할 때 발생하는 높은 열을 견디기 위해서 선체를 어떻게 만들어야 했을까? 특수 금속이나 합금이 아니라 타이타늄 카바이드 세라믹 타일 조각을 우주선 벽에 붙여 열차단 용도로 사용하였다. 첨단 우주선을 높은 온도에서 지키기 위해서 전통적 방식의 도자기 조각이 필요했던 셈이다. 물론 세라믹의 단점도 있다. 물리적 성질이 금속보다 우수하면서도 구부리거나 늘리는 변형에 약하고 충격에 쉽게 깨진다는 점이다.

인류가 토기를 구울 때 불을 사용하기 시작했던 것처럼, 에너지원으로 불을 마음대로 활용하는 동물이 인간 말고 또 있을까? 불을 쓰기 시작하면서 인류는 다른 동물들과 근본적으로 달라지기 시작했다.

인류가 사용했던 도구의 재질에 따라 역사시대를 구분하는 것이 정설이지만, 특정한 재료를 가공할 수 있는 에너지 종류에 따라서 구분해 볼 수 있다. 인류는 지금 석탄과 석유, 전기를 사용하고 있지만, 나무 장작을 사용하여 에너지를 얻은 적도 있었다. 원자력과 태양광을 사용하며 전기를 만들어 이용하면서 삶의 질이 좋아지고 있다. 청동기 시대에 제철이 어려웠던 이유는 철광석 원료 못지않게, 철을 제련할 수 있는 높은 온도를 다루기 어려웠기 때문이다. 청동은 900℃에 녹지만, 철은 1500℃에서 녹는다. 장작으로 비행기를 띄울 수 있을까? 알루미늄을 제련하기 위해서 용광로를 쓸 수는 없을까? 원자력 발전기 없이 태양계를 벗어나 심우주로 가는 우주 탐사선을 만들 수 있을까? 다양한 연료를 쓸 수 있는 시대에도 에너지의 밀도, 연료의 무게, 얻을 수 있는 에너지의 최대량과 불꽃의 최대 온도, 심지어는 가격까지 고려하여 최적의 연료를 찾아야 하며, 이것이 꼭 쉬운 일은 아니다.

대부분의 연료는 공기 중에서 산소와 반응하여 열과 빛으로 에너지를 내놓는다. 메테인(CH_4) 기체가 공기 중에서 타는 화학 반응식은 다음과 같다.

$$CH_4 + O_2 \rightarrow CO_2 + H_2O$$

이 화학 반응식은 반응물과 생성물에 대해서 알려주지만, 아직 균형이 맞은 것은 아니다. '균형balance'이라는 영어 단어가 의미하는 것처럼 균형 맞춘 화학 반응식은 마치 반응식의 왼쪽(반응물)과 오른쪽(생성물)을 양팔 저울balance에 올려놓았을 때 저울의 바늘이 한가운데 있어야 한다는 뜻이다. 그렇게 되면 반응 전후에 원자의 종류별로 개수가 변하지 않는다. 추석날 온 가족이 모여 각자 만 원씩 내고 고스톱을 했는데 게임이 끝난 후 다들 잃었다고만 하고 돈을 딴 사람이 없다면 가족끼리도 누군가는 거짓말을 하고 있는 것이다. 화학 반응식도 각 화합물의 계수를 조정하여 원자의 개수에 균형을 맞추면 더 많은 정보를 전달하게 된다.

$$CH_4 + 2O_2 \rightarrow CO_2 + 2H_2O$$

이제 균형 맞춘 화학 반응식이 완성되었다. 반응 전후로 탄소 원자는 1개, 수소 원자는 4개, 산소 원자는 4개가 보존된다. 나는 이 법칙을 판돈 불변의 법칙이라고 부르지만, 화학 교과서에는 다른 엄숙한 이름이 있을 것이다. 각 원자의 질량이 일정하다면 반응 전후로 반응물 전체의 질량과 생성물 전체의 질량도 같다는 것을 알 수 있다.

이보다 더 고급 정보도 유추할 수 있다. 메테인 불꽃에서 메테인 분자 한 개가 연소될 때 얼마만큼의 에너지를 내놓는지 알 수 있기 때문이다. C–H의 결합 4개와 O–O 결합 2개가 끊어지고, C–O 결합 2개, H–O 결합 4개가 만들어지는 반응에서 각 결합의 에너지를 알고 있다고 생각해 보자. 메테인의 연소 반응이 진행될 때 에너지가 남는지 모자라는지 알 수 있지 않을까? 메테인은 연료로 많이 쓰이는 물질이니, 원자들이 재배치되면 틀림없이 에너지가 남을 것이고 그것이 열과 빛 형태로 주변에 방출될 것이다.

미지의 물질이 있을 때 알려진 결합 에너지값을 활용하면 연소시켰을 때 얼마만큼의 에너지를 얻을 수 있는지를 추정할 수 있게 해줄 것이다. 열역학에서는 이때 발생하는 기체의 부피도 고려해야 한다는 것을 알고 있는데, 자세한 계산은 균형 맞춘 화학 반응식에서 기체인 물질의 계수를 이용한다.

연료나 화약 연구는 위험하지만 안전을 잘 지키면서 진행하면 누구에게나 흥미진진한 연구 주제가 된다. 아마도 처음 불을 다루게 된 인류의 조상이 느꼈던 그 경이로움이 우리 유전자 깊은 곳에 남아 있어서가 아닐까.

요리

인류는 가축을 기르는 것보다도 먼저 요리에 불을 사용한 것으로 보인다. 불을 써서 요리하기 시작하자 인류의 식생활에 큰 변화가 일어났다. 고기나 곡식이 부드러워져 씹기 편해졌으며, 소화도 잘 되었고, 날것으로 먹을 때보다 음식 재료의 범위가 확대되었다. 육류의 기생충이나 병균에 대한 방어력도 증가하였다. 리처드 랭엄 Richard Wrangham 교수는 〈요리 본능〉(Catching Fire. How cooking made us Human, 2009)에서 이 변화가 인류 조상의 진화에 전환점이 되었을 것으로 보았다. 제임스 보스웰James Boswell도 인간을 "불로 요리할 줄 아는 유일한 동물"로 정의하였다.

불로 요리를 하게 되면서 인류 조상의 신체적 특징도 변하기 시작하였다. 같은 양의 음식을 먹더라도 흡수되는 열량은 늘어나고, 씹거나 소화에 에너지를 적게 쓰고 뇌에 에너지를 집중할 수 있었기 때문이다. 우리 몸에서 심장과 뇌가 모두 중요한 장기지만, 생명을 유지하는 심장은 기초대사량의 약 7%를 쓰는 반면 뇌는 약 20%를 쓴다. 뇌가 심장보다 3배나 에너지를 많이 쓰게 된 것은 모든 신체적 기능이 다른 동물에 비해 열세였던 인간에게 결과적으로 가장 효과적인 진화 전략이 되었다. 더 빨리 뛰고 더 오래 숨을 참을 수 있게 해주는 심장이 에너지를 더 많이 쓰는 것보다, 뇌를 많이 쓰는 쪽으로 에너지를 집중하는 것이 생존에 도움이 되었던 것이다.

불로 요리를 하여 쉽게 섭취할 수 있는 에너지가 늘어나자 호모 에렉투스의 특징인 작은 턱, 짧은 내장, 큰 두개골로 진화하였고, 사랑니는 사용 가치가 없어져 버렸지만 뇌에는 860조 개의 뉴런이 발달하였다. 탄수화물은 뇌의 주요 에너지원으로 사용된다. 그렇다면 복잡한 생각을 많이 하고 외우고 공부하면 쓰면 살이 빠질 수 있을까? 워싱턴 대학의 뇌과학자 마커스 라이크Marcus Raichle 교수는 생각을 많이 한다고 뇌의 에너지 소비량이 5% 이상 늘어나기는 힘들다고 밝혔다. 뇌 활동이 활발할 경우 더 많은 열량을 소비하는 것은 맞지만, 격렬한 정신 활동을 하는 과정에도 에너지 소비는 순간순간 짧게 이루어지기 때문이다. 따라서 다이어트를 위해서는 수학책을 펼치고 미분방정식을 푸는 것보다 차라리 같은 시간에 수학책을 들고 뛰는 것이 더 효과적이라고 할 수 있다.

화려한 불을 사용한 요리를 상상해 보자. 소고기를 육회로 먹는 것과 숯불구이로 구워 먹는 것은 어느 것이 맛있을까? 혈기 왕성한 청년들은 육회부터 먹는 것이라며 "다 맛있다"라고 하겠지만, 대부분의 경우 생고기보다는 숯불구이가 더 맛있다고 느낀다. 이건 착각이나 선입관이 아니다. 여러 재료로 조미한 육회나 생선회도 별미지만, 사실 생고기의 단백질이나 지방 성분은 맛샘을 자극하지 못하는 고분자가 대부분이라 맛은 전적으로 양념으로 만들어낸 것이다. 분자량이 큰 분자들은 기화되기 힘들어 냄새도 별로 나지 않아서, 단백질이나 지방 분자를 양념 없이 먹는다면 고무줄이나 플라스틱을 씹을 때의 느낌과 비슷하다. 하지만 불을 사용해 이런 고분자들이 작은 크기로 잘리고 변형되면, 우리 혀나 코에 있는 감각체들을 자극할 수 있는 분자들로 바뀌고, 맛이나 향기를 느끼게 된다. 맛과 향, 씹는 맛을 과학적으로 해석한다면 입과 코에서 작은 분자들이 만들어내는 촉각과 미각, 혀와 턱 근육의 움직임이 합쳐져 종합적으로 느끼는 것이라고 할 수 있다. 불을 사용하여 음식 재료의 물질들이 맛있고 향긋한 분자로 바뀌는 화학 반응이 일어나므로, 같은 재료라도 생고기보다는 불로 요리한 것이 더 맛있게 느껴지는 것이다.

로스트비프roast beef는 영국의 귀족들의 정찬에 빠지지 않는 맛있는 소고기 요리이다. 그 영어 이름은 로스팅 즉, 고기를 불 위에 놓고 회전시키는 방식으로 굽는 것에 어원을 가지고 있다. 그러나 조리용 스토브가 없던 시절에는 불을 많이 쓰는 부엌에서 기름이 뚝뚝 떨어지는 고기를 돌리면서 굽는 것은 화재 위험이 높은 일이었다. 로스트비프 요리를 하는 부엌에서는 화덕에서 고기를 잘 굽는 것 못지않게 불이 나지 않게 조심해야 했다. 소화기도 없던 시절에 일단 주방에 불이 붙으면 기름이나 재료에 옮겨붙어 큰불이 될 수 있었기 때문이다.

이처럼 화재가 나지 않도록 지켜 보는 것은 부엌에서 가장 신경을 많이 써야 할 일이 되었지만 요리사가 거기에만 매달리기에는 또 너무 단조로운 작업이었다. 그래서 당시 영국 요리사들은 어려운 처지에 있는 아이들을 데려다가 고기를 돌려가며 굽게 했는데, 뜨거운 불 앞에서 하루 종일 고기를 익히는 작업 환경이 너무 나빠서 급기야 사회 문제가 될 정도였다. 결국 영국에서는 로스트비프를 불 위에서 돌리는 어린이의 나이 제한을 만들었지만, 로스트비프가 비윤리적인 요리라고 하는 결론까지 도달하지는 못했다. 그러기에는 너무 맛이 있는 요리였던 것이다.

큰 분자량을 가지는 음식 재료들이 열을 받아 분해되어 갈색의 맛있는 작은 분자들로 바뀌는 과정을 마이야르(혹은 메일라드Maillard) 반응이라고 부른다. 이 반응은 1912년 프랑스의 생화학자 루이 카미유 마이야르Louis Camille Maïllard, 1876~1936가 제안하였다. 처음에는 학계에서 받아들여지지 않았지만, 마이야르의 사망 후에 고기의 맛과 향기를 느끼게 하는 대부분의 화합물들은 요리과정에서 아미노산과 당

sugar의 반응에서 생겨나는 작은 분자들이라는 사실이 밝혀져 이 분야에서 선구적인 연구로 인정받게 되었다. 이 반응은 식재료의 색깔이 갈색으로 변하는 반응 중의 하나로, 아주 복잡하고 다양한 여러 반응으로 구성되어 있으며 아직 모든 과정이 다 밝혀진 것은 아니다.

맛과 향을 내는 분자들만 선택적으로 분석할 수 있는 검출기를 만들면 맛있는 요리를 감별하는 인공 코나 인공 혀를 만들 가능성도 생긴다. 내게는 맛있는데 로봇 조리사가 그럴 리가 없다고 복잡한 화합물의 함량표를 가져오는 식당에서 로맨틱한 저녁 식사가 가능할지는 모르겠지만 말이다.

맛있는 로스트비프가 되는 화학 반응을 조금 이해하면, 맛있는 스테이크를 굽는 요리 조건을 화학자의 관점에서 생각해 볼 수 있다. 물기가 없는 스테이크 고기를 높은 온도 불판에서 빠른 속도로 가열하여 높은 온도까지 올리라고 하는 이유는 무엇일까? 불의 에너지를 물기가 증발하는 데 소모하지 않고 요리재료에 모두 전달하여 마이야르 반응이 일어나는 150℃까지 온도를 올리되, 열에너지가 고기 속까지 완전히 전달될 시간을 주지 않아 겉은 익히고 속은 촉촉한 스테이크를 만들 수 있기 때문일 것이다. 미래의 양식조리사 자격증 시험 과목에는 열역학이 포함될지 모르겠다.

탄수화물과 단백질

우리 몸은 여러 가지 화합물을 스스로 만들어내기도 하지만, 음식을 통해 외부에서 영양분과 화합물의 재료를 섭취해야 하고, 어떤 영양분은 반드시 외부에서 공급받아야 한다. 몸의 기능이 정상적으로 이루어지려면 지방, 단백질, 탄수화물, 비타민, 무기질, 물 등 여섯 종류의 화합물이 꼭 필요하다. 크기가 작은 분자인 비타민, 무기질, 물은 소화과정에서 직접 몸에 흡수될 수 있지만 지방, 단백질, 탄수화물은 같은 큰 분자들은 더 작은 지방산, 아미노산, 글루코스 분자로 분해되어 흡수된다. 이들 중 탄수화물과 단백질에 대해서 알아보자.

단당류의 사슬인 탄수화물carbohydrate은 당류糖類, saccharide, “sugar”라고 불리기도 하는데 대표적으로 설탕, 녹말, 셀룰로스 등이 여기에 포함된다. 곡물과 과일, 채소는 식이섬유가 많아 탄수화물의 대표적 공급원이다. 탄수화물의 수水는 한자로 물을 뜻하고, carbohydrate의 hydrate도 그리스 말로 ‘물’을 뜻하는 *hydro*에서 유래한다. 즉, 탄수화물은 탄소(C)와 물(H_2O)이 1:1로 반응하여 만들어진다고 생각했던 것이다.

글루코스는 포도당이라고도 불리며 우리 몸뿐 아니라 대부분의 동식물에 필요한 에너지원이다. 이 중요한 분자가 생태계에서 만들어지는 첫 번째 단계는 식물의 광합성이다. 광합성은 태양 빛과 이산화 탄소, 물을 원료로 복잡한 단계를 거쳐 포도당을 합성하는 과정이다. 포도당이 변형되고 연결되며 우리가 아는 수많은 탄수화물이 된다.

구슬을 엮어 긴 목걸이를 만들듯이 탄수화물은 기본 단위체(단당류)를 일정한 방식으로 결합시켜 무한한 종류를 만들 수 있다. 기본 단위체의 개수에 따라 단당류(단위체 1개), 이당류(단위체 2개), 올리고당(단위체 3~6개), 다당류 등으로 분류된다. 다당류는 기본 단위가 아주 길게 연결되어 있는 경우이다. 단위 당은 탄소수에 따라 3~7개인 경우 삼탄당, 사탄당, 오탄당, 육탄당, 칠탄당 등으로 부르는데, 육탄당이 자연계에 가장 많이 존재한다. 포도당은 육탄당의 한 종류로 아마 자연계에서 제일 중요한 단당류가 아닐까 한다. 설탕이나 과당은 포도당을 기본 단위로 만들어진 이당류, 녹말이나 셀룰로스는 포도당을 기본으로 만들어진 다당류이기 때문이다.

이당류나 단당류 분자에 열을 가하면 물 분자가 제거되는 건조 반응이 일어나면서 맛있는 냄새가 나고 색깔도 변한다. 드라마 〈오징어 게임〉에 나와 전 세계적으로 알려진 추억의 뽑기 게임이 이 반응을 이용한다. 각설탕이나 포도당 덩어리를 국자에 놓고 연탄불로 녹이고 베이킹소다 가루를 조금 넣어 부풀어 오르게 하면 반죽이 말랑말랑해진다. 이것을 불 없는 철판에 옮겨 눌러서 납작하게 만들고, 적당한 도형 모양을 찍을 수 있다. 1970년대 유행했던 뽑기 게임은 이 도형을 잘 떼내면 이기는 게임인데 드라마에서 나온 것처럼 별이나 우산 같이 깨지기 쉬운 모양은 난이도가 높았다. 은근히 경쟁심과 도전 의식(?)을 자극하여 어린이에게는 꽤 큰 용돈을 쓰게 만들곤 했지만 지금 생각하니 뽑기 반죽의 점도와 도형을 눌러 찍을 때 얼마나 세게 눌러주는가가 게임의 승패를 좌우하는 것이었다. 이는 내 뽑기 실력과는 상관없이 가게 주인아저씨가 마음대로 할 수 있는 것으로 게임 참가자가 어쩔 수 없는 영역이었으니 쉽지 않았던 것이다.

설탕물을 가지고 비슷한 작업을 하면 태우지 않고 고온에서 설탕을 가열할 수 있고, 만들어진 시럽은 설탕만 가열했을 때보다 풍미가 더 강하게 발달한다. 설탕을 불에 녹이는 것은 외국인들이 먼저 알아냈을지 모르지만, 그걸로 간식이 귀하던 1970년대 뽑기 게임을 만들고, 2020년대 드라마로 이 게임을 전 세계에 알리는 대한민국의 창의력은 참으로 대단하다. 결국 드라마를 본 외국 유튜버들이 뽑기를 재현하면서 나 같은 세대는 인터넷 콘텐츠로 어린 시절의 추억을 떠올리게 되는 진기한 경험을 하게 되었다.

단백질은 모든 세포의 구성 요소로 우리 몸의 머리카락, 피부, 근육 등을 구성하고 우리 몸에 중요한 생리적 역할을 담당한다. 산소, 영양분, 미네랄 성분을 혈관을 통해 전달하거나, 화학 신호를 주고 받는 호르몬의 상당 부분도 단백질이고, 몸에서 생명 현상을 가능하게 하는 여러 반응에 참여하는 효소도 대부분 단백질이다. 단백질은 다양한 아미노산의 사슬로 이루어져 있는데, 종류가 엄청나게 많지만 이를 이루는 아미노산은 기본 구조까지도 모두 같다. 아미노산은 중심 탄소를 가지고 있는데 탄소가 네 개의 결합손을 가지고 있다는 사실을 기억하면 아미노산 중심 탄소 원자 주변에 카복실기, 아미노기, 수소 원자가 있고, 네 번째 치환기 하나만 다양하게 바뀔 수 있는 구조이다. 따라서 첫 번째 아미노산의 아미노기와 두 번째 아미노산의 카복실기가 규칙적으로 연결되면서 펩타이드 결합을 만들어 아미노산의 사슬이 되는 것이다. 이렇게 만들어진 단백질은 아미노산의 배열 순서에 따라 일정한 3차원 구조를 가지게 되는데 그 모양과 품어 있는 금속 이온 등에 따라 다양한 역할을 한다.

탄수화물이나 단백질은 모두 단위체를 길게 연결하여 다양한 고분자를 만든다. 이들은 단위체의 연결 순서에 따라 다른 성질을 낸다.

자연은 매번 필요한 분자를 새로 설계하여 사용하지 않고, 기본적인 분자들 몇 종류만 만들어낸 뒤, 이들을 일정한 화학 결합으로 연결하여 다양한 거대분자를 만드는 방식을 택하였다. 자연이 매번 새로운 설계도로 조각을 만드는 예술가가 아니고 레고블럭으로 원하는 모양을 만들어내는 조립가라는 점은 매우 흥미롭다.

알코올 발효

화끈한 숯불이 없어도 영양가 있는 맛있는 요리를 만드는 방법이 있다. 단점이라면 가열하는 것보다 시간이 오래 걸리는 것이지만, 성냥개비 하나 불쏘시개 하나 쓰지 않고 우리가 원하는 음식이나 음료를 만들 수 있다는 점은 장점이다. 바로 미생물 발효를 이용하는 것이다. 맛있는 김치나 된장, 요구르트, 미성년자에게는 허용되지 않는 술이나 와인도 불을 쓰지 않고 발효를 통해서 만든다. 발효 과정에서는 이산화 탄소 기체가 부산물로 발생하는데 이 기체는 빵을 부풀게 하거나 맥주의 거품을 만들기도 한다.

살아 있는 세포는 다양한 기능을 수행하기 위해서 에너지가 필요하다. 분자를 분해하고 에너지를 얻는 물질대사metabolism 과정을 이화반응catabolism이라고 부른다. 이화반응 중에서 산소를 사용하지 않고 당을 분해하여 에너지를 얻는 과정이 발효이고, 산소를 사용하여 에너지를 얻는 과정이 세포 호흡이다. 세포 속 미토콘드리아는 호흡의 연료가 되는 피루브산이나 지방산을 분해하고, 이때 화학 결합이 분해되어 발생하는 에너지를 또 다른 화합 결합을 만들어 저장한다. ADP라는 에너지 저장소 역할을 하는 분자에 인산기 phospate(P)를 결합시켜 ATP를 만들었다가 필요할 때가 되면 ADP와 P의 화학 결합을 끊고 저장했던 에너지를 발생시키는 것이다. Diphospate와 Triphospate의 Di－와 Tri－는 2개와 3개를 뜻하는 접두어이다.

세포 호흡 과정에서는 산소가 필수적이지만 지구 역사 45억 년 중 대기 중에 산소가 풍부해진 것은 약 27억 년 전부터로 추정된다. 대기에 산소가 충분하지 않았던 시절 세포는 산소 없이 발효 반응을 통해 에너지를 얻었을 것이다. 발효는 미생물과 효소에 따라 여러 가지 유형이 알려져 있는데 최종 생성물에 따라서 알코올 발효와 젖산 발효 등으로 나눈다. 산소가 모자란 조건에서 미생물에 의해 유기물이 부패하는 것도 사실은 발효와 같은 종류의 화학 변화라고 볼 수 있지만, 분해 과정에서 만들어지는 화학 물질이 인간에게 유리하거나 맛있으면 발효, 유해하거나 악취가 있으면 부패라고 본다.

$$C_6H_{12}O_6 \rightarrow 2C_2H_5OH + 2CO_2 \uparrow$$

양조산업은 인류가 일찍 발전시킨 발효를 이용한 화학 산업 중 하나라고 할 수 있다. 술은 에틸 알코올(에탄올, CH_3CH_2OH)과 물의 혼합물인데, 물을 더해 에틸 알코올의 농도를 묽히거나 수분을 증발시켜 알코올 농도를 진하게 하면서 필요에 따라 향미를 더해 만든다. 당도가 높은 과일이나 포도 품종은 자연 발효가 되면 3~4%의 알코올이 만들어질 수 있기 때문에 인류는 발효법을 알기 전부터 자연에서 발효된 에틸 알코올을 맛보았을지 모른다.

발효를 이용하여 알코올을 만든 것은 기원전 7천 년까지도 거슬러 올라갈 수 있다. 기원전 4000~5000년 고대 메소포타미아에서 시작된 술에 대한 기록은, 기원전 3000년경부터는 다양한 지역에서 발견되고 있다. 고대 이집트는 맥주를 개발하여 수출까지 했다는 기록이 있다.

술을 멋있게 마시는 모습을 그린 소설이나 영화 장면이 있지만, 치명적인 알코올 중독의 부작용을 있는 그대로 그린 영화나 소설은 더 많다. 로마 보르게세 미술관에 소장되어 있는 카라바조Caravaggio,

병든 바쿠스의 초상 (Bacchino Malato, 캔버스에 유화, 1593)

1571~1610가 1593년에 그린 〈병든 바쿠스의 초상〉을 보라. 술의 신 바쿠스조차도 술이 깨면 우울해하거나, 알코올 중독에 시달려 고생했을 것이라는 것을 보여 주는 그림이다.

실제로 이 그림을 그린 카라바조는 술과 도박을 무척 좋아하여 바쿠스의 두 번째 초상화를 1596년에 다시 그리는데, 두 그림에서 모두 자신을 모델로 그렸다고 한다. 하지만 카라바조는 1606년 술을 마시고 폭행치사를 저지르고 사형선고를 받았다가 탈옥하여 현상금이 걸린 채로 도망다니는 신세가 되었다. 술의 신을 모독한 저주였을까. 자신의 그림 솜씨로 교황에게 사면을 받고자 했던 그는 〈골리앗의 머리를 든 다윗〉이라는 종교화를 그린다.

머리가 잘린 골리앗 얼굴에 자신의 얼굴을 그려 넣어 교회측에 참회의 뜻을 밝힌 것이다. 하지만 술을 먹고 그림을 잃어버린 후 그림을 찾으러 갔다가 37살에 객사하고 말았으니 술 앞에 스러진 천재성이 안타깝기까지 하다.

사람들에게 중독성 있는 것을 찾으면, 정부는 독점하거나 세금을 매겨 쉽게 많은 수입을 올릴 수 있다. 대표적인 예가 담배와 술이다. 우리나라는 술을 사는 마시는 사람에게는 소비세를, 술을 만들어 파는 사람에게는 술의 원료(주정)에 주세, 교육세, 부과세 등 세금을 최대 113%까지 매기고 있다. 그러다 보니 술 담배 많이 하는 사람은 자신의 건강을 해쳐 가며 나라를 돕는 애국자라는 농담이 생긴다. 이처럼 여러 가지 목적으로 정부에서 엄격히 관리하는 주정은 식품 원료로 쓰일 수 있는 에탄올 중 농도 85% 이상으로 정의되는데, 미생물이나 효소를 이용하여 발효시킨 에틸 알코올을 정제한 것이다. 우리나라에서는 소주 등의 제조에 쓰이는 주류용 주정, 기타 식품에 쓰이는 식음용 주정을 구분하는데 주정은 쌀, 보리, 고구마, 카사바, 사탕수수 등의 원료를 사용하여 만들어진다.

석유나 석탄에서 얻은 에틸렌을 원료로 하여 공업적으로도 에틸 알코올을 만들 수 있지만, 이는 합성 주정, 공업용 주정이라고 하여 먹거나 마시지 않는 용도로 쓰도록 제한하고, 화장품이나 소독제 등의 원료로만 사용된다. 2020년 코로나-19가 유행하자 손소독제에 대한 수요가 폭발한 적이 있다. 손소독제는 높은 농도의 공업용 주정에 증류수와 글리세린 등을 섞어 만드는데, 공업용 주정 수요가 늘어나 품귀 현상이 예상되자, 정부에서는 소주를 만들기 위한 주류 주정을 소독제 원료로 쓰는 것을 급히 허용하여 관련 규정과 법규를 완화하여 손소독제의 품귀 현상을 막기도 했다.

계산 문제

알코올 발효는 글루코스(C_6)가 피루브산(C_3), 아세트알데하이드(C_2)를 거쳐 에틸 알코올이 만들어지는 과정이다. 1 kg의 글루코스($C_6H_{12}O_6$)를 발효하여 얻을 수 있는 에틸 알코올(C_2H_5OH)의 양은 얼마일까?

풀이

이 문제를 풀려면 여러 과정을 거쳐야 한다. 일단 중간에 원자가 사라지는 것이 아니기 때문에, 중간물질은 무시하고 반응물과 생성물만 고려하여 균형 맞춘 화학 반응식을 만든다.

$$C_6H_{12}O_6 \rightarrow 2C_2H_5OH + 2CO_2$$

계수 맞춘 화학 반응식의 화살표 왼쪽은 반응물, 오른쪽은 생성물이 된다. 계수를 맞춘다는 뜻은 화살표 왼쪽에 있는 각 원자의 개수와 화살표 오른쪽에 있는 원자들의 종류와 개수가 같다는 뜻이다. 위 식을 보면 탄소 원자는 6개, 수소 원자는 12개, 산소 원자는 6개가 화살표 좌우로 같은 것을 알 수 있다.

다음으로는 주기율표를 보고 각 물질의 분자량을 구해야 한다. 주기율표에는 원소의 원자량이 쓰여 있다. 예를 들면 원자 번호 6번인 탄소(C)는 원자량이 12.011 amu(원자질량단위)인 것을 확인할 수 있다. 각 분자에 있는 원자량을 더하면 그 분자의 분자량이 된다.

$$C_6H_{12}O_6 \rightarrow 2C_2H_5OH + 2CO_2$$

$$(6 \times 12) + (12 \times 1) + (6 \times 16) = 180 \rightarrow (2 \times 46 = 92) + (2 \times 44 = 88)$$

따라서 이 분자량의 비율이, 반응에 사용되고 생성되는 각 물질의 질량 비율이 된다. 글루코스 180 g을 발효시키면 에틸 알코올 92 g을 얻을 수 있다는 뜻이다. 만약 글루코스가 1 kg, 즉 1000 g이었다면, 에틸 알코올은 511 g 얻을 수 있을 것이다. 물론 이 값은 발효가 100% 완벽하게 진행되었을 때의 추정치로, 이론적으로 얻을 수 있는 최댓값이라고 할 수 있다. 실제 발효에서 얻은 에틸 알코올의 질량을 이론적 최댓값으로 나눈 것을 수득률yield이라고 하여 둘의 비율을 %로 나타내기도 한다.

로얄 퍼플

고대 이집트 사람들은 다양한 색깔의 염료를 만들어 그

림, 직물 염색, 화장, 건축용 페인트, 색유리 등에 사용하였다. 이집션 블루라는 염료는 규소 산화물이 주성분인 모래, 천연 탄산 소듐(탄산 나트륨) 혼합물인 나트론, 가루로 만든 구리를 섞어 섭씨 850도까지 가열해서 만들었다. 이때 만들어지는 구리 칼슘 사중규산염인 $CaCuSi_4O_{10}$은 이집트 장식이나 직물에 많이 사용되었던 진한 파란색을 낸다. 빨간 염료와 파란 염료를 반씩 섞으면 보라색이 만들어지는데, 빨간색이나 노란색에 비해서 파란색 계열의 염료는 구하기가 어려웠다. 청색 LED를 개발한 공로로 아카사키 이사무, 아마노 히로시, 나카무라 슈지 교수가 2014년 노벨 물리학상을 받은 것도 같은 이유라고 할 수 있다. 보라색 염료는 대량생산이 힘들어서 왕실에서나 사용할 수 있었고 '로열'이라는 수식어가 붙기도 한다. (참고로 모두 보라색이라고 번역하겠지만 퍼플은 빨간색에 더 가까운 보라색이고, 바이올렛은 파란색에 더 가까운 보라색을 말한다.)

구하기 힘들면 더 가지고 싶어지는 것이 인간의 마음. 기원전 1200~1300년경 페니키아인들은 동부 지중해 연안 타이레Tyre 지역(오늘의 레바논)에 서식하는 뿔소라 뮤렉스(신복족류 뿔소라상과 뿔소라과, Murex)가 분비하는 액체를 이용해 보라색 염색을 만드는 법을 찾아내었다. 달팽이 분비물이 묻은 옷에 얼룩이 생기는 것을 보고 보라색 염료를 만들었을 것으로 추측된다. 페니키아라는 지역 이름도 보라색 옷을 많이 입는 지역이라는 말에서 따왔다는 설도 있다. 콘스탄티노플이 함락된 15세기까지도 뮤렉스의 보라색 티리안 퍼플은 유명한 지역 특산품이었다. 그러나 뮤렉스 달팽이에서 얻을 수 있는 분비액이 워낙 적었기 때문에 티리안 퍼플은 귀한 색깔이 될 수 밖에 없었다고 한다. 기원전 4세기 역사가 테오폼푸스는 "염료용 보라색은 소아시아의 콜로폰에서 은으로 그 무게를 감당했다"라고 기록했다. 생산에 많은 노력과 시간이 많이 들었기 때문에 보라색으로 염색한 직물은 로마 귀족이나 장군의 신분의 상징이 되어 일반인은 사용이 제한되었고, 4세기 이후에는 황제만이 보라색 옷을 입을 수 있었다.

1800년대 중반까지도 보라색은 유럽에서 로열 퍼플의 자리를 지켰다. 일반인의 수요가 늘어나자 폭리나 가격 거품을 막을 필요가 생겨 법적으로 그 사용을 제한하기도 했다. 하지만 현대인은 어떤가? 보라색 염료를 아쉬운 줄 모르고 사용하고 있다. 옷에 그려진 브랜드 로고가 비싸서 못 입는 옷은 있어도 색이 비싸서 못 입는 옷은 없다. 모든 색깔의 염료를 다양하게 합성하여 대량생산하는 염료 공업이 발전했기 때문이다.

그렇다면 뮤렉스 달팽이를 대량 사육하는 기술이 개발된 것일까? 현대인은 달팽이 대신 석유나 천연가스에서 나오는 벤젠을 이용해서 공장에서 보라색 염료를 대량생산하고 있다. 최초로 보라색 염료를 합성한 윌리엄 헨리 퍼킨 경Sir William Henry Perkin, 1838~1907은 영국 런던에서 태어난 화학자이다. 그는 집에 실험실을 만들어 화학을 연구하였고 당시 화학이 발전했던 독일에 유학하여 아우구스트 빌헬름 폰 호프만의 제자가 되었다. 18세가 되던 1856년, 윌리엄 퍼킨은 말라리아 치료제를 합성하려고 애쓰다가 실험기구를 씻던 중 우연히 보랏빛 색소를 발견했다. 이 색소가 합성을 통해 만들어진 최초의 아닐린 계열 색소로, 모베인이나 아닐린 보라 등 여러 이름으로 불리다가 최종적으로 모브mauve라는 이름을 얻었다. 퍼킨은 런던 교외에 염료 공장을 세워 계속 새로운 염료를 합성해 내고 인공 염료 산업의 선구자로 엄청난 부와 명예를 얻었다. 그는 젊은 나이에 충분한 부와 명성을 얻었지만 35세에 그의 모든 공장을 팔아버린 후 본인의 실험실로 돌아가 화학 연구에 전념하여 68세에는 영국 왕실로부터 경Sir 작위를 받았다. 화학 영재의 동화 같은 성공 이야기 덕분에 우리는 원하는 색의 옷과 공업제품을 마음대로 골라 쓸 수 있게 된 것이다.

유리

물과 공기를 제외하면, 인류가 가장 많이 쓰는 천연 물질은 석탄도 석유도 아닌 모래이다. 매년 500억 톤의 모래가 사용되고 있는데, 전 세계적가 도시화되면서 건물과 도로가 늘어나 그 사용량은 더 증가하고 있다. 지구상에 존재하는 모래의 약 70%는 석영 성분이지만 바위나 자갈이 부서지거나, 조개껍데기 및 산호가 잘린 것, 용암이 식어 만들어진 성분이 섞여 있다. 모래의 지질학적 정의(ISO 14688)는 0.0625~2 mm 크기의 입자이다. 사막에 모래가 많지만 알갱이가 너무 동글동글해서 건설용으로 쓰이기에는 적절하지 않아서, 토목 건설용 모래는 귀한 몸이 되었다.

석영 모래는 규소 산화물이다. 규소와 산소의 화합물인 이산화 규소에 탄산 소듐이나 탄산 포타슘을 넣고 온도를 높여 녹였다가 굳힌 것이 우리가 일상생활에서 사용하는 유리다. 투명도는 떨어지지만 유리가 자연적으로 만들어지기도 한다. 리비아 사막 지역에는 원인을 알 수 없는 열과 압력이 모래에 가해지면서 만들어지는 것으로 보이는 천연 유리 조각이 발견되었기 때문이다. 이를 리비아 사막 유리(LDG)라고 하는데, 약 2600만 년 전 리비아 사막 지역에 최소한 500℃를 넘는 고열이 발생하여 모래가 유리 형성 온도까지 되어 녹았다가 급히 식으면서 만들어진 것으로 추정하고 있다. 자연계에서 만들어진 유리는 반짝거리지도 않고 불투명하지만, 금속이나 돌맹이와 다른 특징을 보여 주기 때문에 사막을 지나는 사람들의 관심을 끌었고, 장식물이나 보석으로 팔거나 활용되었다.

고대 이집트인들은 다양한 화학 물질들을 사용했고, 재료를 반응시켜 원하는 물질을 얻는 방법을 많이 알고 있었다. 금, 은, 주석, 구리, 철, 안티몬, 소듐(나트륨), 칼슘, 탄소, 황, 비소를 이용했지만 화학 이론 자체에는 관심이 없었다. 홍해 해안에서 수 km 떨어진 지금의 요르단 지역 광산에서 황화 납을 채굴하고 제련하여 납을 사용하였으며, '흐르는 은'이라고 불렀던 수은도 썼다. 모래를 불로 다루어 유리를 만드는 법도 깨우치고 있었다.

이들은 기원전 16세기에 모래를 녹여 유리를 만들 수 있는 고온 가마를 개발했고, 납을 섞어 유리의 굴절률을 높여 지금의 파이렉스와 같은 유리를 만들어냈다. 유리 제조 기술은 유럽과 중국까지 퍼졌고, 기원전 1세기경 로마 시대에 이르러 유리를 가공하는 다양한 방법이 개발되어 석영이나 모래를 이용해서 도자기를 굽는 파이앙스 제조 기술까지 발전하였다. 이때 나트론을 사용하여 모래의 녹는점을 낮추거나 다양한 색유리를 만들기도 하였다. 일부 유리 제품은 거푸집을 이용하여 대량생산되었는데 금속 막대 끝에 모래틀을 매달고 녹은 유리에 담가서 만들었다. 재빨리 꺼내 유리를 돌판이나 금속 판위에 굴려서 모양을 만들고, 유리가 식어 단단해지면 모래를 제거하는 방식이다. 기원전 50년경에는 쇠파이프 끝에 녹은 유리를 묻혀 입으로 불어 풍선처럼 부풀리는 유리불기glassblowing 방법이 개발되어 모래 거푸집 방식을 대체하였다. 지금은 유리불기 방법이 공업용 제품보다는 예술품이나 그릇, 특수한 용도의 유리제품 수제작에 활용된다. 1980년대까지만 해도 큰 대학에는 장인 수준의 숙련된 유리불기 전문가가 전자공학, 기계공학 전문가와 함께 근무하며 화학실험에 필요한 복잡한 기체 반응기나 유리그릇을 만들어 주곤 했다.

1204년 콘스탄티노플이 점령당한 이후, 터키인들이 지중해를 건너 베네치아까지 와서 동방의 신기한 물건을 팔고 소개하기 시작했다. 아

유리 세공 Photo by Quino Al on Unsplash

드리아해에 위치한 베네치아는 동로마 제국, 이슬람 국가들과 중개 무역을 하며 막대한 부를 쌓았고 13세기 후반 유럽에서 가장 부유한 도시가 되었다. 고대 이집트의 유리 기술은 귀족들의 그릇이나 장신구를 만들 때 쓰이다가 역사에서 주목을 받지 못하고 사라졌지만, 베네치아에서는 유리 장인들이 이주하여 색과 모양이 다양한 유리 세공품을 만들어 산업을 형성하여 많은 돈을 벌었다. 그러나 유리를 만들고 세공을 하기 위해서 불을 사용하다 보니 유리 공방은 항상 크고 작은 화재 사고를 일으키곤 했고, 목조 건물이 많은 시절이라 유리 공방은 사회적 위협으로 간주되곤 하였다. 1291년 베네치아의 총독은 모든 유리 제조업자와 상인들을 베네치아 옆에 있는 무라노섬으로 강제 이주시켰다. 지금의 님비 현상과 비슷하다고나 할까?

불행 중 다행으로 유리 제조업자들은 서로 경쟁 관계였지만 혈연으로 얽혀 있었기 때문에 무라노섬에 모여 살게 되자 인력과 관련 산업이 집중되면서 시너지 효과를 일으켜 유리 산업이 더 발전하기 시작하였다. 특히 무라노의 안젤로 바로비에Angelo Barovier, 1400~1460는 산화포타슘과 망가니즈 성분이 풍부한 해초를 태워 유리에 섞으면 투명한 유리를 쉽게 만들 수 있다는 것을 알아내었고, 이 유리를 크리스탈로cristallo라고 불렀다. 크리스탈로를 사용하는 것은 유럽 전역에서 신분의 상징이 되었고, 14세기 초 무라노섬은 전 세계에 '유리의 섬'으로 알려지게 되었다. 베네치아는 이 기술을 독점하기 위해서 비밀리에 관리했으나 제조 비밀은 새어 나갔고, 결국 유럽 곳곳에서 베네치아풍의 유리 작품들이 제작되었다. 지금이야 유리창이 없는 집을 상상할 수 없지만, 유리가 귀했던 당시에는 창을 크게 낼 수가 없었고 창이 없는 움막 같아 보이는 집도 많았다고 한다.

건축물에 유리 재료가 이용되고 일상생활에서는 그릇이나 술잔으로 유리를 사용하지만, 현대에서 유리의 가장 중요한 용도는 따로 있다. 1970년대 개발된 광통신에 사용되는 광섬유에 바로 0.1 mm 두께의 유리섬유가 사용되고 있다. 빛으로 변환된 전기 신호를 깜빡이며 보내고 받는 유리섬유는 전기 신호를 전달할 때 필요한 구리선과 비교해 가볍고 가늘며 빠른 속도로 통신할 수 있는 장점이 있다. 광원으로 레이저를 사용하고, 굴절률이 다른 플라스틱 등으로 광섬유를 코팅하면 빛이 광섬유 안에서 계속 반사되면서 손실 없이 먼 거리에 전달될 수 있기 때문이다. 많은 전선이 유리섬유로 대체되었고, 대륙과 대륙 사이의 인터넷 통신선도 광섬유를 사용하고 있다. 모래와 유리야말로 현대인에게 가장 필수적인 재료인 것이다.

높은 온도가 되면 모래가 녹아 유리가 되는 것처럼, 에너지를 이용해 새로운 물질을 만들어내면서 문명의 도약을 이루어 냈다. 로마 귀족들이 유리잔에 포도주를 마시면서 모래와 불에 대해서 어떤 고마운 생각이나 했을까? 2천 년이 지난 지금 광섬유를 통해 500 Mbps로 전송받는 로마 유적 동영상을 보면서 문득 궁금해진다.

이집트의 화학

화학의 영어인 케미스트리chemistry는 중동의 알 케미에서 유래했는데, 아랍어인 al kimya를 서양식으로 발음한 것이다. Al- 은 아랍어의 관사(영어의 the)로 보이고, kimya의 어원이나 뜻은 분명하지 않다. 로마의 철학자인 플리니우스Plinius는 검정을 뜻하는 고대 이집트어 kemi에서 유래했고, 이집트 나일강이 매년 범람해서 생기는 검은색 퇴적물을 가리킬 때 이 말을 썼다고 주장했다.

이집트인들이 양분이 풍부한 이 검은 퇴적물을 우주의 근본 물질이라고 믿었던 것은 사실이다. 나일강 유역이 주기적으로 범람하여 땅이 매우 비옥하였고, 사람들이 자연스레 모여 살게 되어 도시국가가 일찍이 형성되었기 때문이다. 그러나 나일강의 범람에 효과적으로 대처하기 위해서는 도시국가보다 더 큰 조직이 필요했고, 기원전 3100년경에 도시국가들이 모여 통일 왕국이 출현하였다. 이집트 왕국에서 나일강의 정확한 범람 시기를 알기 위한 노력은 다양한 과학과 기술을 발전시키는 계기가 되었다. 천문학이 발달했고 달력과 십진법을 도입했으며 강이 범람한 후에는 농지 경계선을 다시 확인하기 위해 측량술과 기하학이 발달하였다. 이런 지식은 과학 기술 발전의 토대가 되었다.

이집트나 바빌로니아 사람들은 특히 별의 움직임을 관찰한 뒤 지상의 중요한 사건들과 연관 지어 이해하려고 하였다. 점성술의 시초라고 할 수 있는 이런 접근은 별이 지상에서 일어나는 사건의 원인이나 징조가 된다고 생각했고, 하늘을 연구하면서 태양과 달, 그리고 다섯 개의 행성이 지상의 각 물질과 대응한다고 믿었다. 하늘은 대우주macrocosm, 우리 몸은 소우주microcosm이니 지상에서 발견되는 여러 금속이나 물질에 적용되는 연금술의 원리가 밤하늘에 있는 별의 움직임과 현상과 대응한다 생각했다. "화성에서 온 남자, 금성에서 온 여자"라는 책 제목을 기억하는가? 이 책을 처음 보았을 때, "토성에서 온 남자, 목성에서 온 여자"라는 책 제목은 안될까 하고 궁금해한 적이 있다. 그러나 이집트에서 황금빛 태양을 신으로, mars를 전쟁의 신으로, venus를 아름다움의 신으로 생각했던 전통이 이어지고, 그들을 표시하던 천문학 기호를 보면 책 제목을 그렇게 지은 이유를 알게 된다. 옛날이야기를 할 때 "호랑이가 담배 피던 시절에…"으로 시작하지 "사자가 검 씹을 때…"라고 하지 않는 것처럼, 호랑이와 담배에 노출되어 있던 우리 선조들은 자신의 문화 환경에 맞는 옛날이야기를 만들어내는 것이다.

유럽에서는 점성술과 연금술의 흔적이 아직도 남아 있는 것으로 추측된다. 점성술에서는 해와 달, 수성, 금성, 화성, 목성, 토성 일곱 개 천체의 움직임을 관찰하면서 우주와 신의 섭리를 연구했다. 이런 이유로 점성술과 연금술에서 공통으로 쓰이던 기호들이 있다. 점성술에서 화성을 뜻하는 기호가, 연금술에서는 철을 표시하는 데 사용되었고, 생물학에서는 남성을 뜻하는 기호로 사용된다. 철로 무기를 만들어 남성들이 전쟁에 나갔다는 뜻일까? 금성을 나타내는 점성술 기호는 연금술에서는 구리를 뜻하고 아마도 청동 거울을 형상화한 것이 아닐까 생각된다. 태양은 연금술에서 금을 뜻하고, 달은 은, 수성

고대부터 사용되던 7가지 천체에 대한 기호

은 수은, 목성은 주석, 토성은 납에 대응하여 사용하였다. 게다가 그리스 로마 신화에서 전쟁의 신 아레스와 사랑의 신 아프로디테까지 연관시키고 나면, 남성과 여성에 관한 책 제목이 남성 = 화성 = 철, 여성 = 금성 = 구리 외에는 다른 조합이 가능할 수 없다는 것을 알게 된다. 한 집단의 문화적 배경은 계속 후세에 전달되어 동화나 전설에 남고, 유럽에서는 점성술과 연금술의 흔적이 아직도 전설이나 신화에 남아 있는 것이다.

아리스토텔레스

실용적 활용이나 영향력에는 관심이 많았지만, 자연을 체계적으로 이해하는 데는 관심이 없던 이집트나 바빌로니아 문명과 달리 기원전 5세기경 고대 그리스에서는 자연 세계를 새롭게 보는 사고방식이 생겨나 물질의 구성 요소에 관해 철학적으로 접근하기 시작하였다. 지식에 대한 관심이 늘고, 철학이 태동한 이때를 이오니아 시대라고도 하는데, 이오니아는 그리스인들이 소아시아 지중해 연안을 부르던 이름이었다.

이오니아 시대 물질의 본질에 대해 근본적인 질문을 던졌던 인물들 가운데 그리스의 도시국가 밀레토스(지금의 튀르키예) 철학자 탈레스가 있었다. 그는 물질에 본질에 대한 답을 신들로부터 구하려는 대신 자연을 관찰하고 논리적으로 설명하려 했던 기록된 최초의 인물이었다. 탈레스는 만물을 구성하는 기본 원소가 물이라고 생각했다.

탈레스의 뒤를 이어 제자인 아낙시메네스는 근본 원소를 공기로 생각했다. 그는 공기가 변하여 모든 형태의 물질이 된다고 주장했다. 에페소스의 헤라클레이토스는 자연이란 흐름이며 사물이 변화하는 것이라고 생각했다. 그래서 비물질적이고 가변적이지만 변화를 일으키게 해주는 불이야말로 만물의 근본이라고 생각했다.

기원전 6세기부터 이오니아 학파와 다른 관점을 가지는 철학자들이 서부 그리스에 등장하였다. 피타고라스는 기원전 530년경 남부 이탈리아 크로톤에서 수학에 기반을 둔 일종의 종교단체를 설립하였다. 이 단체는 수학으로 우주와 만물을 이해하려 했고, 그 과정에서 수학적 방법과 정량적 방법으로 자연을 바라보는 시각을 가지게 되었다. 기원전 450년경에 활동하였던 시실리 출신의 엠페도클레스Empedocles는 물질은 네 가지 근본 원소, 즉 흙, 공기, 불, 물로 이루어졌다고 주장했다. 훗날 아리스토텔레스가 이 생각을 채택한 탓에, 이 네 원소 모델(소위 4원소설)이 2000년 넘게 물질을 설명하는 표준 이론으로 받아들여지게 되었다. 엠페도클레스는 지금 시각으로 보면 어쩌면 물질의 화학적 분류가 아닌 물리적 상태를 이야기한 것일지도 모른다. 현대적인 화학 이론과 비교하면, 흙은 고체, 물은 액체, 공기는 기체, 불은 에너지에 해당한다고 볼 수 있기 때문이다.

레우키포스Leucippus와 그의 제자 데모크리토스는 당시 주류였던 엘레아학파와는 달리, 빈 공간은 존재할 수 있으며 따라서 물질을 이루는 입자가 존재한다고 주장했다. 두 사람은 엘레아학파의 기본 입장에는 동의했지만, 실제는 물질을 영원하고 쪼갤 수 없는 연속된 통일체라고 보고 실제의 모습이 다양하게 존재하며 원자로 이루어졌다고 하였다. 데모크리토스의 원자는 단단하고 너무 작아 눈으로 볼 수는 없지만 일정한 모양과 크기를 가지며 다르게 배열에서 결합시키면 새로운 물질이 만들어진다고 설명되었다. 하지만 당시 이런 원자론을 받아들이면 매우 심각한 철학적 개념을 함께 받아들여야만 했다. 바로 원자와 원자 사이의 아무것도 없는 '진공' 상태를 인정해야 하는데, 주류였던 엘레아학파에서는 완벽한 진공이란 논리적으로 존재할 수 없다는 입장이었다. 원자론에 반대하는 철학자들은 진공이 존재할 수 없다고 하는 생각에서, 입자와 입자 사이의 빈 공간도 있을 수 없고, 불연속적이라고 개별적으로 존재하는 입자 대신 만물은 하나로 연결되는 연속체라는 결론에 도달했던 것이다.

현대 화학은 원자론에 기초를 두고 있다. 원자론은 물질을 구성하는 것이 원자이고 원자가 모여 분자가 된다고 이해한다. 현대적인 원자론이 19세기에 본격적으로 태동되었지만 고대 그리스의 철학자들에게서 그 씨앗을 발견할 수 있기에 레우키포스와 데모크리토스의 생각에 놀라는 경향이 있다. 하지만 지나치게 과대평가할 필요는 없다. 그들이 내세운 모델은 관념적인 결론이고 현대적인 과학적 접근법과 실험 결과에 기초하지 않았기 때문이다. 심지어 사람의 영혼도 원자로 이루어져 있다는 신비주의적 요소도 들어 있었다. 결국 그리스의 원자론은 고대 그리스에서 영향력 있는 철학자들에게 거부당했고 18세기 과학혁명이 일어나기 전까지는 잊히고 말았다. 아리스토텔레스가 믿었던 4원소설 대신 물질의 본성에 대한 데모크리토스의 통찰이 더 일찍 받아들여졌다면 화학은 지금보다 일찍 발전되었을지 모른다.

그리스 철학이 서양 철학의 근본이 되도록 만든 아리스토텔레스는 마케도니아 지역 남부 스타게이라에서 태어났으며 아버지는 마케도니아 궁정 의사였다. 17살에 아테네로 간 아리스토텔레스는 플라톤의 아카데미에서 공부했는데, 매우 뛰어난 학생이었다고 한다. 플라톤이 자신의 사상을 발전시켜 나가는 과정에 제자인 아리스토텔레스의 영향을 받았을지 모른다고 주장하는 역사학자들도 있다. 스승인 플라톤은 자연에 대한 이해는 형이상학에 의존해야 한다고 가르쳤다. 물질세계가 관찰의 대상이 아니라 생각의 대상이라고 보았기 때문이다. 그는 물질세계는 더 높은 곳에 존재하는 위대한 형상(이데아)의 그림자에 불과하다고 보았다. 그러다 보니 플라톤의 철학은 자연과학의 발전에 도움이 되지 못했다는 평가를 받는다. 그러나 아리스토텔레스는 스승의 관점과는 반대로 직접 자연계의 대상에 다가가 오랜 기간 세밀하게 관찰하며 연구하는 방식을 취했다.

아리스토텔레스는 플라톤 아카데미에서 20여 년간 배우고, 나중에는 직접 학생도 지도하다가 기원전 347년 플라톤이 세상을 떠날 즈음에 아테네의 반마케도니아 분위기를 피하여 아나톨리아 지역 레스보스 등으로 옮겨 연구를 계속했다. 평생 철학과 정치학, 자연과학 여러 분야를 연구하여 현대적 학문 분류를 만들어냈다고도 할 수 있는데, 특히 해양생물학은 지금 기준으로 봐도 방대한 자료를 관찰하고 수집하여 자세히 정리하였다. 개인 교사로 가르쳤던 마케도니아의 알렉산드로스 왕자가 기원전 335년 왕위에 오르자 아리스토텔레스는 아테네로 되돌아가 리케이온이라는 학교를 세우고, 도서관과 세계 최초의 동물원을 운영하였다. 왕의 스승이자 존경받는 학자로서 가장 행복한 시간이었을 것이다. 그러나 알렉산드로스가 원정 중 33살 젊은 나이에 바빌론에서 사망하자 권력을 잡기 위해 휘하에 있던 장군들이 내전을 일으키고 크게 확장되었던 그리스 제국이 갈라지고 말았다. 다시 신변의 위협을 느낀 아리스토텔레스는 아테네를 떠나 외가가 있던 할키다로 돌아가 생애를 마쳤다.

그리스의 불

튀르키에 이스탄불은 145년까지 1123년 동안 비잔티움 제국의 수도였다. 콘스탄티노플Constantinople이라고 불렸던 이 도시는 330년에 로마 콘스탄티누스 대제가 고대 그리스의 식민도시였던 비잔티움 땅에 세운 곳이다. 그는 동로마 제국의 경마장(히포드롬)이 있던 조그만 지방도시를 324년 로마의 수도로 선언하고 노바 로마, 즉 새로운 로마라고 이름 붙였다. 330년에는 그 이름을 '콘스탄티누스의 도시'라는 뜻의 콘스탄티노폴리스로 바꾸었다. 이 지역은 아시아와 유럽을 잇는 동서 교역의 요충지로 유럽이라는 왼쪽 날개와 아시아라는 오른쪽 날개를 가진 나비의 몸통에 해당하고, 천연의 항만인 크리소케라스만(금각만, 골든 혼)을 끼고 있었다. 395년에 로마 제국이 동서로 분열되면서 콘스탄티노플은 동방정교회를 종교로 하는 동로마 제국의 수도로써 제국의 융성과 함께 인구 30만~40만 명(어떤 기록에는 백만 명이 된 적도 있다고 한다)을 헤아리는 지역의 중심 도시로서 발전하였고, 경제적으로는 동서 교역의 중심지가 되었다. 당시 유럽 국가들의 수도가 인구 5만 명 규모라고 했으니 인구만 봐도 얼마나 큰 도시였는지 짐작이 간다. 또한 성당과 고대 건축물이 보존되어 전통을 계승하는 위용을 떨쳤을 뿐 아니라 총대주교가 위치한 정교회의 중심지로서 비잔틴 문화의 중심이었다.

콘스탄티노플은 이슬람 세력에 의해 끊임없이 포위 공격을 당했지만 천 년에 걸친 수많은 침략에도 난공불락의 요새였다. 역사적으로 콘스탄티노플 성은 두 번 포위당했는데 1204년 4차 십자군 전쟁 때 같은 기독교도들에게 약탈당한 것과 내전 때 내부세력의 협력으로 성문이 열린 것을 제외하면 1453년 무함마드 2세에 의해서 비잔티움 제국 최후를 맞기까지는 공식적으로 함락을 당한 적이 없는 곳이었다.

당시 사람들은 콘스탄티노플을, 도시의 수호성인 성모 마리아가 지켜주기 때문에 예수가 재림할 때까지 무너지지 않을, 세상에서 가장 안정한 성이라고 믿었다. 그럴 수밖에 없는 것이 천혜의 요새로 하늘이 내려준 지형 조건을 갖추고 있고 공성전을 대비한 튼튼한 성벽도 구축하고 있었기 때문이다. 지금의 이스탄불 지도를 보면 구도심 지역의 그랜드 바자와 술탄아흐메트 지역, 파티히 지역이 옛 콘스탄티노플이었다. 이 지역은 삼각형 모양을 형성하면서 서쪽을 향하는 왼쪽 빗면쪽으로 테오도시우스 성벽이 있었고, 나머지 두 변은 모두 바다를 향하고 있다. 북동쪽을 향하는 삼각형 빗면은 크리소케라스만과 닿아 있는데, 그 모양은 황소의 뿔처럼 완만하게 휘어진 U자 모양을 하면서 보스포로스 해협 쪽으로 나가는 형상을 하고 있다. 크리소케라스만 입구에는 쇠사슬을 설치하여 배의 출입을 막을 수 있게 하여 유사시에 적의 배가 이 해협으로 들어올 수가 없었다. 삼각형의 밑변을 이루는 남쪽 해안선은 마르마라해(프로폰티스)를 접하고 있는데 보스

포로스 해협에서 내려오는 물살이 너무 빨라 군함이나 상륙선을 이용하여 남쪽 해안으로 공격을 불가능하게 하고 있다. 그러다 보니 콘스탄티노플을 공격하려면, 서쪽 육지에서 테오도시우스 성벽을 향할 수밖에 없는데 이 성벽은 5세기에 지진으로 무너진 적이 있을 뿐 공격에 의해 돌파당한 적이 없는 삼중 성벽이었다.

지형과 성곽 외에도 콘스탄티노플과 비잔틴 제국을 지켜주었던 또 다른 비밀병기가 있었으니 지금의 화염 방사기 같은 '그리스 불Greek Fire'이다. 그리스 불은 액체 불, 바다 불, 페르시아 불같은 이름으로도 불리는데, 페르시아 불이라는 이름이 이 무기가 중동에서 유래했다는 것을 가리킨다. 원하는 방향으로 불길을 쏘아댈 수 있고, 물에서도 꺼지지 않으며, 끈적끈적한 액체에서 불이 타오르기 때문에 한번 불길이 닿으면 끄기도 쉽지 않은 압도적 무기였다.

역사적으로 그리스 불이 처음 쓰였을 때는 674년 비잔틴 제국이 아랍 제국의 공격에 맞서 싸울 때로 기록되어 있다. 이미 페르시아를 정복한 아랍군은 콘스탄티노플에도 침략 위협을 가해 오고 있었다. 콘스탄티노플 방어선은 육상 공격을 막을 때는 효과적이었으나 아랍 함대가 바다를 손에 넣게 되면 도시는 보급선이 끊겨 결국 항복을 해야 할 상황이었다. 아랍군이 시리아를 공격하자 피난민들이 콘스탄티노플로 대거 몰려들었고, 그 중의 칼린이코스Kallinikos라는 시리아 출신 연금술사가 그리스 불의 제조법을 가지고 있었다.

전쟁을 피해 피난민들이 모이다 보면 재능을 가진 사람들도 모이게 마련이다. 한국 전쟁 때 부산 국제시장이 그랬고, 이차대전 초기 전쟁에 참여하지 않았던 미국에 유럽의 과학자들이 대거 망명하여 미국의 과학기술 수준을 올려준 것도 같은 경우라고 할 수 있다. 기록에 따르면 제조법이 전달된 후 그리스 불은 687년 페르시아군의 공격에 대해서도, 717년 아랍군의 공격에 대해서도 콘스탄티노플를 지키는 데 큰 역할을 했고 상대방에게 막대한 피해를 주었다. 그 후 300년간 그리스 불은 비잔틴 제국 수비에 가장 효과적인 무기로 전쟁 억지력을 발휘하였다.

당시 페르시아인들은 나프타 같은 석유 화합물을 주성분으로 한 소이탄 무기들은 이슬람권에서 자주 사용하였고 이런저런 형태로 로마인과 페르시아인에게 불을 사용하는 무기들이 있었을 것이다. 그렇지만 그리스 불이 비슷한 다른 무기들과 달랐던 것은 성분과 배합 비율, 싸이판과 펌프를 이용한 액체 발사 장치, 불붙은 액체를 적을 향해 방향을 바꿔 분사하는 장치 등이 보강되었기 때문이다. 오늘날까지도 그리스 불의 성분이 무엇이었는지, 당시의 제조 방법은 무엇이었는지는 수수께끼로 남아 있다.

석유 성분과 불이 잘 붙는 마그네슘 등을 혼합하여 만들었을 것이라는 게 일반적인 추측이다. 알칼리 토금속인 마그네슘은 반응성이 높은 물질로, 물속에서도 타는데 이는 바로 그리스 불의 대표적 특징 가운데 하나였다. 마그네슘 분말을 가열하면 눈부신 백색 빛을 내며 타는 것은 현대에는 잘 알려진 성질이다. 옛날 사진관에서는 플래시용도로 마그네슘 분말 가루를 쓰기도 했는데 펑 하고 터지면서 밝은 빛이 나는 방식이다. 비잔틴 제국은 이 불꽃 무기를 분사하는 펌프도 발명했으니 그리스 불은 당시 기술이 집약된 첨단 무기였다. 창과 칼, 투석기의 시대에 불꽃을 뿜는 무기의 제조법은 국가의 최고 기밀로

부쳐져 유지되었다. 비잔틴 제국에서는 황실과 소수의 관련자들만 아는 비밀이었다고 한다.

1453년 4월 6일 오스만 제국의 술탄 메흐메트 2세 군대가 콘스탄티노플 바깥까지 행군해와서 공격 준비를 하는 것을 보았을 때도, 콘스탄티노플의 주민들은 몇 주 불편하겠지만 조금 버티기만 하면 오스만 제국 군대도 지쳐 돌아갈 것이고, 자신들은 살아남을 수 있을 것이라는 합리적인 희망을 품고 있었다. 게다가 제노바에서 용병까지 도착하여 동로마 제국을 지켜주고 있었다. 그러나 그 공격은 단순한 무기 비교와 군인의 수로 결정되는 싸움이 아니었다. 독선과 사명감에 사로잡힌 중세 신앙, 동방정교회와 가톨릭의 갈등, 경제적 이해에 따라 외교 문제를 풀어가는 베네치아 원로원 등 정치와 종교, 외교와 경제가 복잡하게 얽혀 이슬람교와 기독교가 벌인 종교 전쟁 이상의 의미를 가지고 있었다. 콘스탄티노플을 포위한 오스만 제국은 민족적 정체성에 대한 편견 없이 여러 민족을 흡수한 다문화적인 집단이었고, 그리스어를 사용하는 콘스탄티노플 주민들은 자신을 로마 제국의 후예라고 간주하여 스스로를 로마인이라고 불렀으며 방어 병력 또한 대부분이 서유럽에서 온 프랑크인 용병들이었다. 당시의 모습을 지금 국제정세로 그대로 가지고 와서 봐도 쉽게 해답이 없는 복잡한 양상이었다.

하지만 평화로운 시기가 너무 오래도록 지속되었기 때문일까? 1204년에 이르러 어떤 이유였는지 그리스 불의 제조비법을 잃어버린 것을 알게 되었다. 비슷한 소이탄 무기는 여전히 쓰였으나 그리스 불 초기의 파괴력이 나오지 않았다. 시간이 지날수록 무기가 개량되어 성능이 강해지는 것이 보통인데, 그리스 불은 삼백 년 만에 그 위력이 줄어들었고, 그리스 불의 핵심 기술을 잃어버린 비잔틴 제국은 250년을 더 버텼지만 1453년 오스만 튀르크 군에게 콘스탄티노플 성벽이 함락되고 말았다. 몇백 년간 전쟁 억지력을 보여 주었던 그리스 불은 콘스탄티노플이 함락될 때 아무런 역할을 할 수 없었다. 결국 비잔티움 제국이 공식적으로 사라지고, 800년 동안 갈등과 긴장 속에 부딪히던 오스만 제국이 18세기까지 전성기를 누리게 되는 계기가 되었다. 콘스탄티노플 함락은 단순하게 어느 한 도시가 이슬람 세력에게 함락된 것이 아니라, 15세기 발흥하던 이슬람 오스만 제국의 서방진출을 최전방에서 막고 있던 기독교의 보루가 무너진 순간이었다. 그 이후 유럽은 중세시대에서 근대로 넘어가기 시작했다.

비잔틴 제국을 지켜준 그리스 불과 같이 액체연료에 불을 붙여 공격하는 무기는 현대전에도 사용되었다. 근대적인 화염방사기는 1898년에 독일의 리하드 피들러Richard Fiedler에 의해서 발명되었고, 일차 세계대전 중인 1915년 7월 독일군에 의해 최초로 사용되었다고 한다. 그러나 대규모로 사용되어 효과를 본 것은 제2차 세계대전 때부터이며, 독일, 미국, 소련, 일본군이 모두 공식적 혹은 비공식적으로 사용하였다.

그리스 불을 폭탄으로 만든 것이라 할 수 있는 네이팜Napalm탄은 액체연료를 담은 폭탄을 폭격기에서 투하하는 것이다. 미국에서 전투기 연료나 나프타에 점도를 올리는 물질과 불이 잘 붙는 물질을 섞어 개발하였다. 이 폭탄은 이차대전 이후 계속 사용되었지만, UN의 중재로 1983년부터 민간인에게 불을 사용하는 무기를 쓰지 않는 국제 협약을 만들었으며, 2021년 현재 이 협약에는 125개국이 비준하고 있다.

불을 써서 전쟁을 하는 것은 어쩌면 가장 야만적인 무기일지 모른다. 그럼 고통 없이 적군을 죽일 수 있으면서 전쟁 억지력이 큰 무기를 만들어내는 것은 신사적인가? 폭력과 전쟁으로 문제를 해결하는 인간들이 만든 궤변이 아닐 수 없다. 이 국제협약에 따라 미군은 가지고 있던 네이팜탄과 화염방사기용 액체를 모두 모아 미국 샌디에이고 외곽 폴브룩 무기 해체 기지에 저장하고 있다. 많은 네이팜탄을 태워버리는 것 말고는 마땅한 해체 방법도 없으니 모두 모아서 열이나 불꽃을 피할 수 있는 곳에 안전하게 보관하는 것 외에는 처리 방법도 없을지 모른다. 대신 미국에서는 민간용으로 벌레를 잡거나 제초용으로 개인용 화염 방사기를 구입할 수 있는데, 불꽃이 나가는 최대 거리만 제한될 뿐 불법이 아니다.

난공불락이던 이스라엘 마사다를 무너뜨린 로마군의 공성기나 콘스탄티노플을 지켜 오던 그리스 불, 테오도시우스 성벽을 무너뜨린 오스만 제국의 초대형 대포처럼 과학 기술은 전쟁과 같은 극단적 상황에서 항상 중요한 역할을 해왔다. 독가스나 핵폭탄 등 과학기술의 결과물이 전쟁에 사용되는 것은 과학자에게는 어쩌면 예정된 비극일 수도 있겠다. 역설적으로 무기로 개발된 기술이 전쟁이 끝나면 다시 인류에게 유익하게 사용되는 경우도 많다. 야금술로 더 단단하고 날카로운 칼이나 창, 화살촉을 만들어 낸 부족이나 국가는 주변을 다스려 제국을 형성하였다. 그러나 야금술의 발전은 기계공업 재료공업으로 이어졌다. 전쟁 중 생체실험을 했던 것이 의학적으로 활용되고, 원자폭탄 기술은 이차대전이 끝나자 원자력 발전소를 만드는 데 사용된 것도 그렇다. 우주 탐사에 사용되는 모든 로켓기술은 이차대전 때 독일에서 유럽에 폭탄을 떨어뜨리기 위해 개발하였던 미사일 기술을 승

전국이었던 소련과 미국이 인력과 자료를 경쟁적으로 확보하여 발전시킨 것이다. 디지털 혁명의 꽃 컴퓨터는 어떤가. 영화 〈이미테이션 게임〉으로 잘 알려진 것처럼 독일의 애니그마 암호 발생기와 알랜 튜어링의 분석 엔진analytical engine은 디지털 컴퓨터의 원조이다.

국방 관련 연구는 일반 산업체가 평화로운 시절에는 하기 힘든 연구를 수행하여 현대 과학의 얼리 어답터인 측면이 존재한다. 하지만 처음에는 국방부의 비밀 실험실에 있던 기술도 언젠가는 일반인들이 사용할 수 있는 기술로 풀려 공개되곤 했다. 그렇다면 현대 문명을 이끌어낸 것은 어쩌면 전쟁 혹은 전쟁에 대한 공포일지도 모른다.

공포에 질린 인류가 스스로를 멸망시킬 무기나 기술을 개발하고 사용한다면 인류의 마지막 날이 될 것이다. 과학자들은 그 위험성을 평가하여 지구종말시계The Doomsday Clock로 핵전쟁의 위험을 경고하고 있다. 1990년 자정까지 17분 남았던 지구종말시계의 눈금은 2024년 초 자정 90초 전까지 움직이고 있다.

관련 화학 개념

균형 맞춘 화학 반응식

$$CH_4 + 2O_2 \rightarrow CO_2 + 2H_2O$$

(1 C, 4 H) (4 O) (1 C, 2 O) (2 O, 4 H)

지각의 구성원소

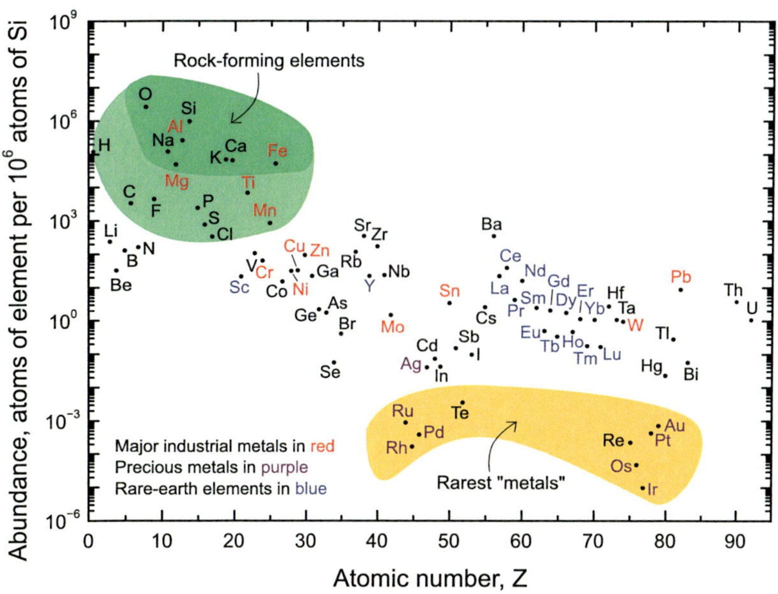

(Public Domain, Wikimedia Commons)

■ 물질의 분류

물질은 순물질과 혼합물로 나눈다. 공기, 흙, 심지어는 18K 금반지까지 우리가 보는 대부분의 물일은 순물질의 혼합물이다. 혼합물은 조정이 균일하게 섞여 있는 균일 혼합물과 그렇지 않은 불균일 혼합물로 나눈다. 순물질은 화합물 또는 원소로 나눌 수 있고, 화합물은 화학적 변화를 통해서 새로운 화합물이나 원소로 분해할 수 있다. 더 이상 단순한 물질로 분해할 수 없는 물질을 원소라고 한다.

■ 아미노산

단백질을 이루는 기본 구조는 아미노산이다. 아미노산은 α−탄소 원자에 −H, −COOH(카복시기), $-NH_2$(아미노기)가 결합되어 있고, 마지막 하나의 결합에는 H부터 복잡한 치환기까지 다양하게 붙을 수 있다.

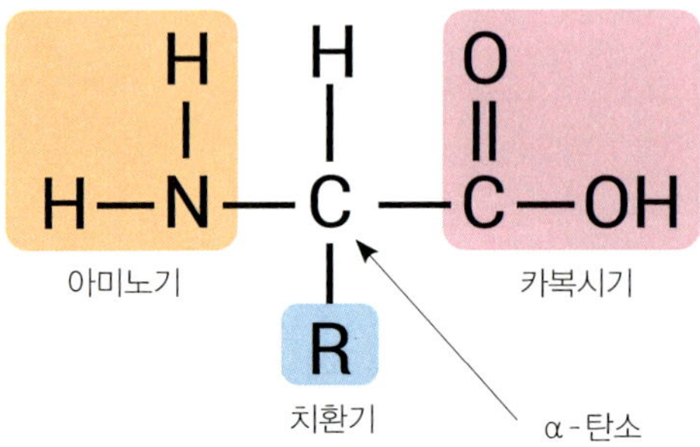

2장

공기와 물

만약 300년 전 유럽의 어느 강연장에서 독자들을 청중으로 모시고 과학강연을 할 때 내 직업을 마술사라고 소개했다면 여러분의 반응은 어떨까? 세상을 물질로만 이해하고, 물질이 눈에 보이지 않는 구성 성분으로 되어 있다고 믿으며, 연기 나는 반응으로 새로운 물질을 만들어 낼 수 있다고 하면 대부분 머리를 끄덕이며 "아~ 마술을 하시나요?"하며 나의 소매나 검은 망토를 눈여겨보며 속임수를 찾으려 하지 않을까? 그래도 신문물에 관심이 있는 얼리 어답터가 섞여 있다면, 이슬람의 비법과 실크로드를 따라 중국에서 전해진 재료로 만든 약품을 다루는 나를 보고, "이건 마법이 아니고, 연금술인 거죠?" 했을 것이다.

예나 지금이나 화학 실험실에서 일어나는 많은 일들은 상식을 넘어서는 경우가 많아 누군가에게는 마법이나 연금술처럼 보이는 것은 사실이다. 연금술사에 대한 기록은 생각보다 오래전으로 거슬러 올라간다. 화학이라는 영어 단어 chemistry가 사용되기 시작한 것이 빨라야 17세기 말이지만, chemistry의 어원이 alchemy(연금술)라는 것을 보면 연금술이 꽤 오랫동안 사람들을 매료시켜왔던 것을 알 수 있다. 과학혁명을 완성했다는 아이작 뉴턴도 물리학보다는 연금술에 더 관심이 많았다고 하니 300년 전만 해도 연금술은 귀족이나 지식인들에게 꽤 인기 있는 취미 활동이었던 모양이다. 그런 점에서 화학자는 마술사나 연금술사의 피를 가지고 있다. 골치 아픈 화학 반응식을 외우느라 화학에 흥미를 잃은 학생도 연금술에 관심이 있다면 지금 당장 화학책을 펴야 할 것이다.

철학자의 돌

연금술사들은 나름 합리적이고 과학적으로 연금술을 연구했다. 마법 지팡이를 휘두르면 돌덩이가 금으로 바뀔 수 있다고 생각하지는 않았다는 뜻이다. 삼사백 년 전에도 마술이나 주문을 사용하여 물질을 바꾸는 방법은 가능성도 없고 비합리적으로 판단되었다. 그 대신 돌덩이를 금으로 바꿔주는 특별한 물질이나 물체가 필요하다고 생각하고, 그 물질을 찾아내야 한다고 생각했다. 영어로는 '철학자의 돌', 혹은 '현명한 사람(현자)의 돌'이라고 번역할 수 있는 philosopher's stone이 바로 그런 마법 같은 일을 일으킬 수 있는 물질이었다.

동양권에서는 생소한 단어일 수 있지만 영국에서는 동화책에도 나오는 단어이다. 예를 들어 조앤 K. 롤링의『해리 포터』시리즈의 첫 번째 책의 영어판 제목이『Harry Potter and the philosopher's stone』이다. 어린이들을 위한 소설 제목에 사용될 정도로 유럽 문화권에서는 철학자의 돌이 평범한 단어인 것이다. 그런데 해리 포터 시리즈 첫 번째 책을 영어 원서로 읽었던 기억이 있는 학생은 책 제목이나 영화 제목이 '철학자의 돌'과 다르다고 기억하고 있을 것이다. 사실 그 소설의 영어 제목은 영국판과 미국판이 다르다. 미국 어린이들은 철학자의 돌이라는 단어를 많이 듣지 못하고 자라고, 유럽과 다른 미국의 종교적, 문화적, 역사적 차이 때문에 이를 마법사의 돌 즉 "sorcerer's stone"으로 바꾸어 제목을 붙였기 때문이다. 그래서 미국에서 출판된 해리 포터 시리즈의 첫 번째 책은 제목뿐 아니라 본문 단어까지 모두 '철학자의 돌'을 '마법사의 돌'로 교체해서 인쇄했다고 한다. 국내에서도 이 단어를 사용하여『해리 포터와 마법사의 돌』로 번역하여 출간되었다. 해리 포터 시리즈 책 제목으로 철학자의 돌이 더 적절해 보이는지, 마법사의 돌이 더 적절해 보이는지는 독자 여러분의 판단에 맡긴다.

철학자의 돌은 값싼 금속을 금으로 변환시켜 주는 역할을 하면서 자신은 소모되지 않으니, 지금의 화학 개념으로 설명하면 촉매 물질이다. 어떤 물질이든 원하는 대로 바꿀 수 있는 촉매를 찾기 위해 연금술사들은 엄청난 노력을 하였지만 모두 실패하였다. 성배를 찾는 아서왕의 기사처럼 철학자의 돌을 찾고자 하는 연금술사들의 노력이 실패하면 할수록 그에 대한 기대는 자꾸 높아질 수밖에 없었다. 심지어는 철학자의 돌이 불로장생을 만들어 줄 수 있다고도 생각했으며,

그리스 철학에서 세상을 이루는 네 원소를 아우르는 다섯 번째 원소(에테르)와 관련이 있다고 보기도 했다. 뤽 배송 감독은 영화 〈제5원소〉(the fifth element, 1997)에서 이런 배경 이야기를 비틀어 사용하였는데, 영화 속 다섯 가지 원소를 모두 모아 특별한 사건이 일어나는 장면은 지금 다시 봐도 멋지다.

이렇게 연금술사들이 철학자의 돌을 찾기 위해서 애쓰는 과정에서 화학에 대한 여러 개념이나 실험 기법, 실험 장치들이 발전하였다. 가장 대표적인 사례는 1669년 독일의 연금술사 헤니히 브란트Hennig Brand가 생명체가 내놓는 황금색 액체, 즉 소변을 증류하여 철학자의 돌을 얻으려다가 뜻하지 않게 인을 발견한 것이다.

옆쪽의 그림은 인을 발견한 역사적 사건을 영국 더비 지역의 화가 조셉 라이트Joseph Wright of Derby, 1734~1797가 그린 것이다. 그림을 그린 조셉 라이트는 18세기 유럽 과학계에서 일어난 중요한 순간들을 사진처럼 생생하게 그린 작품들을 많이 남겼다. 그의 작품을 보면 산업 혁명과 과학혁명의 태동기에 일어난 역사적 사건을 생생한 그림으로 남기려는 다큐멘터리 감독 같은 사명감과 과학에 대한 경외감이 느껴진다. 당시 화가로 저 정도 실력이면 장식용 풍경 그림이나, 귀족 초상화 등을 그려 짭짤한 수익을 올릴 수 있었을 텐데, 돈이 안되는 역사적 사실을 자세하고 세밀한 고증으로 그려나간 그에게 감사하고 싶다. 그의 작품 덕분에 250년 뒤 우리가 생생하게 그 현장을 느낄 수 있기 때문이다. 그림으로 돌아가서, 그림의 제목은 〈철학자의 돌을 찾다가 인을 발견한 연금술사 The Alchemist, in Search of the Philosopher's Stone, Discovering Phosphorus〉(1771)로 인이 발견된 극적인 순간을

그림 조셉 라이트, 〈인을 발견한 연금술사 The Alchemist Discovering Phosphorus〉 (1771)

잘 그려주었다. 수염을 기른 연금술사가 어둠 속에 빛이 나는 물질을 찾아내고, 드디어 철학자의 돌을 얻었다고 감격해하는 표정을 짓는다. 분명히 될 것 같고 되어야만 하는데 아무리 반복해도 결과가 나오지 않던 실험이, 어느 날 기적처럼 성공했을 때의 짜릿한 기분이었을 것이다.

지금도 백과사전에 보면 인을 최초로 발견한 사람은 헤니히 브란트로 되어 있지만, 어떤 문헌에서는 그를 연금술사 대신 화학자라고 쓰고 있는데 그 당시에는 화학자라는 직업이 아직 존재하기 전이었다. 우리가 그를 화학자라고 부르든, 연금술사라고 부르든 헤니히 브란트 자신은 천직이 연금술사라고 굳게 믿고 있었을 것이고, 지금 살아 있다면 화학자라고 된 기록을 보고 기자 회견을 열어 자신의 직업이 잘못 표기되어 있다고 수정을 요구할지도 모를 일이다.

그는 신의 생명력을 품고 있는 오묘한 생물체인 인간에 신이 넣어준 특별한 물질이 있을 것으로 생각했고, 인간이 분비하는 황금빛 액체에 무언가 특별한 것, 어쩌면 철학자의 돌 성분이 들어 있다고 생각했다. 기록에 따르면 그는 5700 L의 품질 좋은 소변을 구해서 여러 반응을 시켜 120 g의 인을 분리해 내었다고 한다. 소변에는 인산염 성분이 들어 있는데, 그림 속 둥근 플라스크 안에 빛을 내는 물질은 소변에서 추출된 인의 화합물이나 백린이었을 것으로 추정된다. 백린은 산소와 반응하면 희미한 빛을 내는 화학 발광 현상을 보이는데, 인의 영어 단어 포스포는 그리스어로 '빛을 가지고 있는'이라는 뜻이다. 냄새나는 소변으로 밤새 실험하면서 연금술사는 포기하고 싶은 순간도 많았을 것이다. 주변 사람들은 얼마나 손가락질을 했을까? 그러나 결국 누구도 얻지 못했던 빛나는 철학자의 돌을 세상 처음으로 얻었으니 얼마나 기뻤을까?

그림의 배경을 살펴 보면 뒤쪽에 앳되어 보이는 소년이 보인다. 아마도 연금술사의 제자의 제자(아니면 연금술사의 손자)로 보인다. 요즘이라면 교수님과 인턴 고등학생 관계일 수 있겠는데, 인이 빛을 발하는 놀라운 모습에 저 소년은 틀림없이 자신도 스승님처럼 (아니면 할아버지처럼) 연금술에 인생을 바치겠다고 결심하는 순간이 되었을 것이리라.

연금술의 영향은 현대 화학 실험실까지도 계속되고 있다. 연금술사의 실험 기구들은 재질과 연결 부위가 조금 달라진 것 빼고는 헤니히 브란트가 썼던 유리 플라스크, 비커, 막대 등이 지금도 화학실험실에서 같은 용도로 그대로 쓰이고 있다. 2020년 7월 영국의 학술지 네이처에 실린 특집 기사는 로봇이 사람보다 실험을 빠르고 정확하게 해줄 것이라는 내용으로 로봇 팔이 화학 실험을 하고 있는 장면을 보여주었다. 그런데 로봇 팔이 붙잡고 있는 실험용 유리그릇도 역시 연금술사들이 사용하던 것과 같은 삼각 플라스크와 둥근 플라스크였다. 21세기 화학 로봇도 17세기 연금술사들이 디자인하여 쓰던 유리그릇을 계속 쓸 수밖에 없는 모양이다. 250년 전통의 맛집에서 초창기에 쓰던 가마솥과 식탁을 계속 쓰는 셈이다.

이슬람의 화학

유럽이 성경과 신학 위주로 철학과 학문이 발전할 때, 이란–이라크 지역에 세워진 페르시아 왕조는 동로마제국과 전쟁을 벌이면서 유럽과 아시아를 잇는 교역으로 성장하였다. 이후 빈부격차가 심해지고 민중들의 불만이 팽배해지자, 메카를 중심으로 무함마드가 신 앞에 평등한 세상을 표방하며 이슬람교를 창시하였다. 630년 무함마드는 당시 지배층을 몰아내고 아라비아반도를 통일한 후, 640년에는 시리아를, 641년에는 이집트를 정복하였다. 762년에 무함마드의 후계자 알 만수르 칼리프가 스페인에서 페르시아까지 이어지는 이슬람 제국의 수도를 바그다드에 건설하면서 중동 지역은 7세기 중반 새로운 종교로 통일되었다. 바그다드(지금의 이라크 수도)에는 '지혜의 집'이 만들어졌으며 중국, 인도와 실크로드를 통해 교류하며 비잔틴 제국에서 넘어온 기독교도까지 전 세계의 지식이 유입되어 학문의 중심이 되었다. 많은 문헌이 그리스어에서 아랍어로 번역되었고, 9세기에는 중국의 종이 만드는 법을 수입하여 제지소가 운영되었다. 로마제국이 붕괴하면서 고대 자료나 서적이 많이 사라졌지만, 이슬람 학자들은 고대 그리스의 여러 서적을 수입하여 번역하면서 그 이론을 흡수하였고, 훗날 유럽에서는 사라진 그리스 문헌을 다시 아랍어에서 번역해 올 수 있을 만큼 자료들을 잘 보존하고 있었다. 아이작 아시모프의 〈파운데이션 시리즈〉를 연상시키는 이 상황은 7세기부터 12세기 십자군 전쟁까지 이어졌고 이후 14세기 유럽에서 르네상스 운동이 일어날 수 있는 환경이 조성되었다.

이런 배경에서 중세 이슬람의 연금술은 유럽보다 실용적이고 구체적인 모습으로 발전하였다. 대표적 이슬람 연금술사로는 자비르 이븐 하이얀, 알 라지, 아브 알리 이븐 시나 등이 있다. 자비르 이븐 하이얀Jābir ibn Hayyān, 721~815이 쓴 자비르 전집은 20권이 넘는 분량으로 이슬람 연금술을 집대성한 것이다. 그는 813년에 죽었는데, 정작 자신의 이름을 붙인 전집에 얼마나 기여했는지 정확히 알 수 없다. 이 전집은 987년경에 완성되었지만 여느 중세 문헌이 그런 것처럼 아마도 몇 세대에 걸쳐 여러 사람에 의해서 편찬되었을 것으로 보인다. 아마도 그의 이름을 빌린 여러 명의 저술이 모인 것이고, 이스마일리아라는 무슬림 학파의 업적으로 추정된다. 유럽에 전집이 번역되고 전파되면서 자비르 이븐 하이얀을 라틴어로 줄여 쓴 약자가 게베르Geber였고, 그 후 스스로 게베르라고 부르는 유럽의 연금술사들도 나타났다.

자비르의 이론은 아리스토텔레스의 이론에 새로운 발견과 생각을 더해 발전시킨 것이다. 예를 들면 수은(액체)과 황 증기(기체)가 만나서 금속이 형성되고, 그 배합 비율에 따라 다양한 금속이 만들어진다고 보았다. 금속에 증기 성분이 포함되어 있다는 개념은 유럽으로 넘어와서 플로지스톤설에 영감을 주기도 하였다. 연금술에서 황은 다양한 황 이성질체 및 화합물 증기를 뭉뚱그려 하나의 이름으로 부르는 것으로, 특이한 냄새와 화산활동에서 분출되는 경우가 많아 신비한 이미지를 가지고 있었다. 자비르는 금속을 이루는 여러 성분을 분리하기 위해서 물질의 분리법을 개량하였으며, 금속의 성분 비율을 바꾸어 금의 성분과 일치시키는 데 필요한 물질, 즉 철학자의 돌을 찾기 위해서 많은 노력을 기울였다. 그는 염산과 질산을 섞어서, 금은 녹이지만 유리는 잘 녹이지 않는 액체인 왕수王水, aqua regia의 제조법을 발명하기도 하였다. 이들의 실험 방법은 수십~수백 번씩 같은 과정을 반복하며 얻어지는 미량의 물질을 찾아내는 것이 많았다.

왕수는 이차 세계대전 중 노벨상 금메달을 나치에게 뺏길 것을 두려워한 과학자들이 금을 숨기는 데 이용된 것으로 유명하다. 당시 나치 독일은 노벨상으로 수상한 금메달을 전부 압수하여 전쟁 비용에 보태고 있었다. 1943년 독일이 덴마크 코펜하겐을 침략했을 때 화학자 조지 헤베시George de Hevesy, 1885~1966는 노벨상을 수상한 뒤 피난해 있던 독일의 두 과학자가 가지고 있는 금메달을 재빨리 왕수에 녹인 후 시약병에 담아 닐스 보어 연구소 실험실 선반에 놓아두고 코펜하겐을 빠져나갔다. 연구소 시약장에 있는 노란색 액체가 금이 녹은 왕수라고 생각할 수 없었을 테고, 그렇다고 모든 산성 시약병을 다 가져다가 조사할 수도 없었을 것이다. 코펜하겐을 점령한 독일군은 시약장에 손도 대지 않았고, 2년 후 전쟁이 끝나 실험실에 돌아가 보니 왕수 시약병은 그대로 남아있었다. 두 과학자는 녹아 있던 금을 고체로 침전시켜 회수한 후 노벨상 위원회에 보냈고, 다시 만들어진 메달은 수상자에게 전달되었다.

알 라지Abu Bakr al-Razi, 865~925는 연금술사이자 의사, 철학자이다. 그는 200여 권의 책과 저술을 남겼는데, 그중 10권 분량의 의학 개론서인 〈의학총서〉는 백과사전식으로 여러 의학지식과 치료법을 적었다. 의학총서 제9권 〈알 만수르에게 바치는 9번째 책〉은 라틴어로 번역되어 16세기까지 유럽에서 교과서로 사용되었다. 알 라지는 소듐이나 포타슘의 탄산염으로 알칼리 물질을 만들었고, 수은을 치료제로 사용하였으며, 동물 내장을 수술 부위 봉합에 사용하기도 하였다. 〈비밀 중의 비밀〉이라는 실험책은 연금술 실험의 교과서로 인정받았고 이 책에 소개된 유리 실험 장비는 19세기까지 유럽에서 화학 실험에 사용되었다. 그는 이슬람 최고의 임상의사로 인정받았다.

아부 알리 이븐 시나Abu Ali ibn Sina, 980~1037는 연금술 분야와 의학 분야를 융합하는 저술을 많이 남겼다. 갈레노스의 4체액설을 발전시켜 물질의 본성을 연관시켰고, 원하는 화학 반응이 일어나기 위해서는 반응물이 구성 원소로 먼저 완전히 분해되었다가 다시 결합해야 한다고 믿었다.

독

연금술사들은 독의 사용과 해독법에 대해서 방대한 실험을 통한 자료를 축적해 왔다. 15세기 연금술사 파라셀수스는 모든 화학물질은 독이면서 나름대로 약효를 가지고 있으며 그 효과는 투여량에 따라 달라진다고 생각했다. 그 말은 반대로 해석하면 아무리 좋은 약이라도 부적절하게 사용하면 치명적일 수 있다는 뜻이 된다. 인류는 수천 년 전부터 동식물과 광물에서 나오는 화학물질이 독으로 작용한다는 것을 알고 있었다. 광산에서 제련작업을 하다 보면 발생하는 여러 중금속 등에 중독 혹은 사망하는 사례가 많았기 때문이다. 그리스 로마 시대부터 잘 알려진 독극물인 비소 화합물, 즉 비소 혹은 삼산화 비소는 맛이 거의 없고 적은 양으로도 치명적이기 때문에 독약으로 사용되었다.

16세기 이탈리아에서는 토파니아라는 연금술사가 미용에 좋다고 판매하기 시작한 토파나 수는 화산이 많은 지중해 지역에서 나오는 계관석(As_4S_4)을 가열하여 얻은 무수 아비산(As_2O_3)을 물에 녹인 것으로 추측된다. 실제로 토파나 수가 미용에 효과가 있는지는 알 수 없지만, 남편의 사망이 늘어 갑자기 이탈리아의 미망인 숫자가 늘어난 것은 확실했다. 이탈리아 르네상스 시대는 '비소의 시대'라고 불릴 정도였는데 이에 놀란 이탈리아 정부가 토파나 수의 판매를 금지하였다는 기록이 있다. 프랑스에서는 비소를 유산 상속자를 제거하는 데 쓰인다고 하여 '상속의 가루'라고 부르기도 하였다. 비소 화합물은 염료로도 많이 사용되었다. 실내 페인트로 노란색과 녹색 염료에 사용되었으며, 더울 때 비소 증기가 발생하여 중독으로 사망하는 사고도 있었다. 독약이 일반인에게 쉽게 보급되면서 연금술사들은 사회적 지탄을 받았지만, 독극물 연구가 의약과 화학 발전에 자극제가 되기도 했다. 미량의 독을 분리하고 분석해내는 기술이 발전하여 현대 화학의 한 분야가 되었다.

독극물에 얼마까지 노출되면 목숨은 건질 수 있을까? 이를 치사량 LD, lethal dose이라고 한다. 1927년 존 트레븐John William Treven, 1887~1956은 치사량을 정량적으로 비교하는 방법을 제안하였다. 상황과 개체에 따라서 치사량은 다르기 때문에 동물(보통 실험용 쥐)에 투여했을 때 50%의 표본이 죽는 양을 체중으로 나누는 LD_{50}, 즉 반수치사량을 사용한 것이다. 투입되는 방법은 피부 흡수나 삼키는 방법으로 가정하고 즉시 혹은 특정 시간 후 결과를 비교한다. 지속적인 독성을 비교할 때는 비슷한 개념으로 LC_{50}을 사용한다. LC_{50}은 공기나 물속의 독성물질 치사농도concentration를 뜻하는데 보통 4시간 노출시키고 2주간 관찰하여 동물의 50%가 사망하는 농도를 말한다.

그렇다면 LD_{50}이 얼마인 물질이 위험한 것일까? 예를 들어 포타슘 이온은 신경세포의 신호에 사용되는데, 과량의 포타슘 이온은 심장 정지를 유발하기 때문에 동물의 안락사나 사형집행 주사제로 쓰인다. 염화 포타슘(KCl)은 물에 녹으면 포타슘 이온과 염소 이온이 되는데, LD_{50} = 2.5 g/kg으로 체중 60 kg인 사람이 150 g의 KCl 혹은 78.5 g의 포타슘 이온(K^+)을 섭취하면 위험하다. 바나나는 포타슘이 풍부한 대표적 과일인데 125 g에 450 mg의 포타슘이 함유되어 있어서, 바나나 22 kg을 먹으면 위험하다고 할 수 있다. 물론 그만큼 먹으면 포타슘 농도보다 우리의 위장이 버티지 못할 것이다. 바나나맛 우유에도 포타슘이 들어있는데, 100 mL에 100 mg 정도 들어 있어서 우유 78리터를 마시는 것은 위험하다. 누가 우유 78리터를 한번에 마실 수 있을까?

국내 조리사 자격증은 한식, 중식, 양식, 일식, 복어조리 자격증까지 모두 다섯 종류이다. 복어는 테트로도톡신(TTX)이라고 불리는 신경독을 가지고 있기 때문에 자격증이 있는 사람만 요리하도록 한 것이다. 숙달된 복요리 장인은 소량의 독을 남겨 입안이 얼얼하게 만드는 요리를 만든다고도 하고, "독 있는 부분 좀 남겨서 요리해 주세요" 하는 객기를 부리는 손님도 있다는데 모두 지어낸 이야기일 뿐이다. 테트로도톡신은 세포의 소듐 이온의 출입에 관여하는 단백질에 결합하여 근육의 기능을 정지시킨다. 그 결과 의식은 있는데 입술과

혀, 성대나 눈꺼풀이 마비되고 구토를 일으키며 점차 온몸으로 마비가 번지면서 횡격막의 활동이 멈추어 죽게 된다. TTX는 복어의 학명 *Tetraodontidae*에 독이라는 뜻의 어미 *–toxin*을 붙여 복어독을 명명한 것이다. *–toxin*은 그리스어 *toxicon*에서 유래했는데, *toxon*은 화살을 뜻하고 화살촉에 바르는 독을 가리켰다. 1950년에 처음 복에서 분리되었고 흰쥐에 대한 독성은 LD_{50} = 0.9 μg/kg이다.

테트로도톡신은 가열해서 죽일 수 있는 미생물이 아니어서 끓여 먹어도 위험할 수 있다. 복어가 직접 몸에서 테트로도톡신을 만들어 내는 것은 아니다. 패혈증을 일으키는 비브리오나 콜레라균과 같은 비브리오 과에 속하는 박테리아가 그 주범이다. 복어는 독성 물질을 만들어내는 박테리아에게 자기 몸을 서식처로 마련해 주고 그 대가로 맹독성 물질을 제공받아 자신을 위협하는 적을 물리치는 공생 관계를 유지한다. 박테리아는 먹이를 매개로 복어에 들러붙기 때문에 깨끗한 물에서 양식한 복어에는 테트로도톡신이 없다. 하지만 양식장에서라도 바이러스에 오염된 먹이를 먹으면 복어는 비브리오에 감염되어 천연 복어와 마찬가지로 맹독성을 나타낸다. 특히 암컷 복어의 난소와 알은 테트로도톡신이 많은 부분으로, 복요리에서 이런 부위는 꼭 제거하고 먹어야 한다.

복어에도 소듐 이온 단백질이 있을 땐데 어떻게 테트로도톡신으로부터 안전할 수 있을까? 그것은 복어가 이용하는 소듐 이온 단백질이 인간이나 천적의 단백질과 아미노산 서열이 하나 다르기 때문으로 밝혀졌다. 수만 년 전에 일어났던 돌연변이에 의해서 복어의 소듐 이온을 관리하는 단백질은 테트로도톡신과 만나도 정상 작동하지만, 다른 생물들은 그렇지 못한 것이다. 현재까지 20여 종의 독 있는 복어가 알려져 있고 이런 방식으로 독성 물질을 만들어내는 박테리아와 공생하는 친수성 생물들도 알려져 있다.

파라셀수스

16세기 초 유럽의 연금술사들은 연금술을 의학에 활용하는 데 주목하였다. 독일에서 가난한 연금술사의 아들로 태어나 스위스에서 활동했던 파라셀수스Paracelsus, 1493~1541는 연금술이 물질이 변화되어 새로운 목적에 접합하게 만들어지는 모든 과정을 포함해야 한다고 주장하여 연금술의 범위를 의술에까지 확장하였다. 특히 약초나 동식물을 이용하여 치료하던 당시에 파격적으로 수많은 화합물, 금속, 독을 실험적으로 사용하였다. 그는 음식물을 소화하는 것도 연금술의 한 과정이라고 믿었으며, 소금을 원소로 생각하여 황, 수은, 소금의 3원소설을 주장하기도 하였다. 파라셀수스의 본명은 테오프라스투스 (필리푸스 아룰레우스 봄바스터스) 폰 호엔하임Theophrastus Philippus Aureolus Bombastus von Hohenheim으로 알려져 있는데, 유명한 1세기 로마 시대의 의학자 셀수스Aulus Cornelius Celsus를 넘는 사람이라는 뜻으로 para-를 앞에 붙여 스스로 파라셀수스라고 불렀다. 그는 독일에서 의사 교육을 받고, 당시에는 별로 인기가 없던 외과술까지 익혔다. 의사가 되고 난 후 유럽 이곳저곳을 다니면서 여러 신비주의자, 연금술사, 의사들에게서 배우고, 그들과 교류하면서 한편으로는 의료행위를 계속하였다. 1526년 스위스 바젤에서 요하네스 프로벤이라는 유명 인사의 상처 입은 다리를 자르지 않고 연금술 물질로 치료하는 성과를 거두면서 유명해졌고, 그 덕에 바젤 대학의 의학부 교수로 임명되어 스위스에 정착하였다.

그에게 연금술을 이용한 의술을 배우려고 많은 사람들이 모여 들었고, 1527년에는 잘못된 내용이 포함되어 있다고 이슬람의 의학서적을 공개적으로 불태워 의학계의 마틴 루터라는 말을 듣기도 하였다. 마틴 루터가 1517년 종교 개혁을 주장하면서 교황의 파문장을 불태웠다는 소문 때문이다. 가끔 영화나 드라마에서 교과서나 안내서를 찢어버리라던가 쓰레기통에 던져 버리는 충격적 퍼포먼스를 하는 선생님이나 교관이 나오는데 파라셀수스가 그 원조라고 할 수 있다. 그는 당시 대학의 학문이나 의학이 실증적이지 않은 점을 늘 비판하였다. 전통적이고 보수적인 당시 의학계는 연금술과 점성술, 의술과 철학을 강조하는 그의 치료 방법과 대중적인 인기를 탐탁지 않게 여겨 서로 대립하였고, 그는 결국 의과대학을 떠날 수밖에 없었다. 그를 시기하는 사람들은 그의 기적적인 치료술과 능력은 악마와 결탁하여 가능한 것이라고 비난했다. 파라셀수스가 늘 가지고 다니는 긴 칼이 있었는데, 그 손잡이에 철학자의 돌이나 악마를 가두어 두었다는 소문도 있었다.

파라셀수스는 여러 가지 면에서 독특한 연금술사였다. 연금술을 의학에 적용한 것도 그렇지만, 다른 연금술사들이 자신들이 연구한 것을 비밀로 하고 자세한 기록을 남기지 않는 것과는 달리 자신의 실험 결과를 상당히 많이 기록으로 남겼다. 화학물질로 약을 제조했던 파라셀수스를 의약화학이나 화학치료 요법, 독극물학의 선구자로 평가한다. 그는 모든 화학물질이 사용량에 따라 독이 되기도 하고 약이 되기도 한다는 것을 알았다. 아편을 알코올에 섞은 아편팅크 음료를 만들어 약으로 사용하였고, 수은으로 매독을 치료하기도 하였다. 죽고 나서 이십여 년이 지나서 출판된, 1530년경 집필한 것으로 보이는 의학서적 파라그라눔Paragranum은 의약학의 발전이 연금술의 발전과 뗄 수 없는 관계라는 그의 노력이 잘 드러난다.

반 헬몬트

얀 밥티스타 반 헬몬트Jan Baptista van Helmont는 플랑드르 귀족 가문의 의사이자 연금술사이다. 플랑드르 지역은 마리아 루이 레임(필명 위다)의 소설이자 일본 애니메이션으로 만들어진 『플랜더스의 개』에 제목에 나오는 지역이다. 영어식으로 읽으면 플랜더스, 네덜란드어로는 플라망Vlaams이라고 하는데 모두 저지대라는 뜻이다. 15세기 초에는 플랑드르 지역은 프랑스 북부와 네덜란드 남쪽 일부와 벨기에 북부 지역을 말한다. 이 지역에서 가장 유명한 곳이 브뤼헤라는 도시인데 일찍이 무역과 경제가 발전하여 풍차와 운하로 유명한 곳이다. 반 헬몬트는 루뱅대학교에서 철학과 의학을 공부했지만, 대학에서 제대로 배운 것이 없다고 졸업이 다가오자 학위 수여를 거부했다는 일화가 있다. 대신 스위스와 이탈리아, 프랑스와 영국 등을 5년 동안 여행하면서 연금술과 의술을 배웠고 1605년 유럽에 흑사병이 돌 때 많

얀 밥티스타 반 헬몬트(1579~1644)의 초상화

은 환자를 치료하였다. 귀족이지만 대중들의 고통을 해결할 수 있는 일에 더 보람을 느끼던 그는 알려진 의학 지식에 안주하지 않고, 파라셀수스의 저작을 재해석하여 의학과 연금술에 관해 깊이 연구하였다.

전통적 지식이나 보수적 신앙에 안주하지 않던 그는 독실한 신자였으면서도 파라셀수스의 공감 가루 이론을 신봉하여 가톨릭교회와 갈등을 겪기도 했다. 공감 가루powder of sympathy는 한번 연관된 물질은 서로 영향력이 유지된다는 인과론을 확대 적용한 것으로 반 헬몬트는 이를 사실이라고 믿었다. 예를 들면 칼로 다친 사람은 그 칼과 상처가 서로 영향력을 미치기 때문에 치료를 위해서 칼에 공감 가루를 발라 주어야만 치료가 완성되는 것으로 생각한 것이다. 칼과 상처의 영향력을 끊어주는 공감 가루를 만드는 법은 시체 머리뼈에 있는 이끼, 짝짓기할 때 죽인 수퇘지와 곰의 기름, 불에 태운 벌레, 돼지의 말린 뇌,

붉은 단향, 미라의 가루를 특정한 비율로 배합해야 했다. 헬몬트는 공감 가루는 마법이 아니고 순수한 자연현상일 뿐이라고 항변했지만, 교회는 그를 감옥에 가두었고, 죽고 나서야 아들이 아버지의 글을 모아 〈의학의 탄생〉을 출간하였다.

반 헬몬트는 인과론적 사고와 통제된 실험을 통하여 현대 화학의 중요한 법칙들을 예측하였다. 특히 정밀한 저울이 발명되자 이를 실험에 활용하였다. 숯을 태우기 전과 재가 된 후의 무게 차이에서 숯에 있던 성분이 공기 성분으로 바뀌어 숯에서 달아났다고 생각했다. 그는 기체를 뜻하는 가스gas라는 단어를 만들어 이 현상을 설명하였으므로 기체 화학의 아버지라고 불린다. 그는 숯에서 나오는 기체는 '숯 기체gas carbonum', 기름에서 나오는 기체는 '기름 기체gas pingue'라고 불렀다. 그가 gas라는 단어의 어원으로 사용했던 라틴어 *chaos*는 '형체가 없는 우주의 근원'이라는 뜻이고, 카르보늄은 석탄이나 숯이라는 뜻인 만큼 단순히 현대적 의미의 기체가 아니라 '나무의 정기'라는 의미였다. 또 '핀구에'는 라틴어로 지방이나 기름이라는 뜻이니까 '기름의 정기'라는 뜻이다. 숯과 기체가 타면서 무게가 줄고 기체로 빠져나간 성분이므로 가스 카르보늄이나 가스 핀구에는 화학적으로 이산화탄소와 수증기가 주요 성분이었을 것으로 추측된다.

저울을 사용한 또 다른 실험은 식물의 성장에 관한 것이었다. 화분에 흙을 넣고 무게를 잰 후, 버드나무를 심고 증류수만을 주었을 때 자라난 나무의 무게를 재서 증류수가 나무로 바뀌었다는 결론을 내렸다. 나무의 줄기와 껍질, 뿌리는 순전히 물에서 생긴 것이므로, 모든 물질의 근원은 물이라고 생각했다. 당시에는 광합성을 몰랐기 때문에 증류수를 나무의 근본으로 보았던 것이다. 버드나무를 키우기 위해 5년 동안 관찰하는 실험을 하여 결론을 내렸다는 점에서 헬몬트는 연금술과 근대 화학을 나누는 과학적 방법론을 사용한 연금술사였다. 자연을 사고와 관념의 대상으로 보지 않고 직접 만지고, 조작하고, 관찰하는 계획적이고 통제된 실험의 대상으로 생각한 것은 과학혁명의 발생과 근대 과학의 탄생의 기초가 되었다.

저울

과학은 객관적 관찰에 기초하는 만큼 측정 장치와 함께 혁명적으로 발전하였고, 기존 장치나 도구를 다른 분야나 용도로 응용해서 사용하기도 하였다. 지금은 초등학생도 쓸 줄 아는 간단한 측정 장치도, 최초에 발명되어 사용되었을 때 과학 발전에 끼친 영향은 어마어마했다. 예를 들어 저울, 자, 시계, 망원경, 현미경, 온도계 같은 기구를 쓰지 말고 노벨상에 해당되는 업적을 내라고 하면 여러분은 당황하게 될 것이다. 온도계 없는 열역학, 망원경 없는 천문학을 상상이나 할 수 있겠는가? 저울과 자는 누가 처음 발명했는지 알 수 없지만, 온도계는 1592년 발명되었고, 현미경은 1590년, 망원경은 1608년에 발명되었다. 여러 물리량을 정량적으로 측정할 수 있는 실험 장치가 차근차근 발명되면서 결국 관련 분야의 발전을 이끌어내고, 첨단 과학이 발전하면 새로운 측정 장치가 발명되어 보다 정밀한 측정이 시작되는 과학발전의 선순환 시대가 시작되었다. 갈릴레오 갈릴레이Galileo Galilei, 1564~1642는 관찰과 실험의 중요성을 강조하면서 물질은 실험적으로 측정할 수 있는 1차 성질과 주관적으로 지각될 수 있는 2차 성질을 구분해야 한다고 말하면서 측정과 관찰의 중요성을 강조하기도 했다.

다이어트를 하면서 몸무게를 재려고 체중계에 올라갈 때마다 저울로 무게를 재는 것이 얼마나 흥미로운 활동인지 생각해 본다. 독일의 니콜라우스 쿠자노스는 털실이 공기 중에서 수분을 흡수하여 무게가 달라지는 것을 측정하여 대기 습도를 결정하였고, 반 헬몬트는 화분 속 식물에 준 물로 인해 식물이 자라면서 늘어난 무게를 물의 무게와 비교해, 식물이 자라면서 공기 중에서 무엇인가를 따로 얻어낸다는 것을 알아내기도 하였다.

저울과 물을 사용하면 기하학 문제도 해결할 수 있었다. 원형 용기와 사각형 용기에 들어가는 물의 무게를 비교하여 원주율을 어림하는 것이다. 반응물과 생성물의 무게를 정확하게 측정하면서 화학 반응의 질량 보존의 법칙이 만들어지기도 하였다. 누가 최초로 저울을 발명했는지는 알 수 없지만, 인류의 경제활동이 늘어나면서 도량형, 즉 길이, 부피, 무게의 단위를 통일할 필요가 생겨 자나 저울 같은 측정 장치가 일찍부터 발명되어 사용되었다.

그러나 단위의 기준은 일정하지 않았다. 왕의 팔꿈치에서 손끝까지 길이를 1큐빗cubit, 왕의 발 크기를 1피트feet 등으로 정하고 보니 왕이 바뀌면 단위 기준 달라지는 경우가 대부분이었다. 이런 문제를 해결하기 위해서 1889년 열린 제1회 국제 도량형 총회CGPM, Conference générale des poids et mesures에서 1 kg의 표준이 되는 '국제 킬로그램 원기

IPK, International Prototype Kilogram'를 지정하였다. 각 나라는 국제 킬로그램 원기 복제본을 하나씩 가지고 이를 질량 기준으로 삼았다.

그런데 측정 기술이 발전하고 저울 눈금이 촘촘해지니 문제점이 발견되기 시작했다. 원기 복제품의 무게, 심지어는 복제품과 국제 킬로그램 원기 원본과의 질량 차이 등이 보이기 시작한 것이다. 프랑스 파리 외곽 세브르 코뮌 지하금고 속 유리 용기에 들어있는 백금 90%, 이리듐 10% 합금으로 만들어진 높이 39 mm짜리 기준 원기의 질량이 조금 변한 정확한 이유는 아직 밝혀지지 않았다.

이렇게 기준 원기의 질량이 믿을 수 없어지자, 국제 도량형 총회는 2019년 5월 20일 킬로그램 국제 기준을 새롭게 정의하였다. 그 과정에서 과학자들은 IPK를 사용하지 않고 1 kg을 정의하기 위해서 두 가지 방식을 가지고 치열하게 경쟁하였다. 일명 아보가드로 프로젝트라고 불리는 방식은 독일이 주도하여 순수한 규소 공을 만들고 그 원자를 세어 질량으로 환산하는 방식이다. 고순도 규소-28(원자량 28인 규소 동위 원소)을 완전한 결정으로 만들어 크기를 재면 규소 공을 이루는 규소 원자의 개수를 계산할 수 있고, 정밀한 아보가드로 수를 이용하면 그 질량이 정해지기 때문이다. 규소 원자들이 결정을 이루면 원자와 원자 사이의 거리가 얼마인지 알려져 있고, 언제든지 X선 등을 이용하여 측정할 수 있다. 만약 규소-28 원자가 아보가드로 수만큼 있다면 1몰의 정의에 따라 그 질량은 28 g이 된다. 하지만 이 방법에는 몇 가지 어려움이 따른다. 자연계에는 원자량 28 amu인 규소 원자가 92.23%, 29 amu인 동위 원소가 4.67%, 30 amu인 동위 원소가 3.10% 존재한다. 따라서 순도 100%인 규소 결정을 얻기 어렵다. 또 X선 등으로 분석해보면 1 kg의 순수한 규소 결정 안에 약 0.7 μg의 구리 불순물이 들어 있다. (1.0×10^3 g에 0.7×10^{-6} g 불순물이면 $1/10^9$만큼이다. 99.9999999%, 즉 8개의 9가 나열되는 순도이다.)

규소 공 방법과 겨뤄 국제 공인을 받아낸 방법은 미국, 캐나다, 프랑스, 일본이 주도한 키블 저울과 플랑크 상수 h를 이용하는 방식이다. 양자역학의 E = hν라는 에너지 양자화 개념에 사용되는, 알려진 플랑크 상수를 질량과 가속도로 표시하면 1 kg 질량을 정의할 수 있다. 이 측정에는 전자석을 이용하여 발생하는 힘을 이용하여 질량을 비교하는 양팔 저울을 사용하는데, 1975년 이 저울을 처음 발명한 영국 NPL의 물리학자 브라이언 키블Bryan Peter Kibble, 1938~2016을 기념하여 키블 저울로 불리고 있다.

과학이 여유있는 귀족의 취미생활이었던 16세기에는 실험과 측정이 장인이나 하인들이 하는 천한 일이라는 풍조가 일부 있었지만 측정 기구만큼은 과학 연구에 꼭 필요한 것이었다. 당시 벨기에 루뱅 지역 장인들은 흥미로운 측정 장치들을 만들어 유럽의 과학 발전에 크게 기여하였다. 1425년 교황의 명령으로 루뱅 대학이 설립된 이후 루뱅은 북유럽 학술, 문화의 중심이 되었기 때문이다. 16세기에 이르러 서적상, 무역상, 기술자들이 루뱅에 모여들자 자연스레 시너지 효과가 나오기 시작하여 근대적 과학 실험에 필요한 도구들이 이곳에서 차근차근 발명되거나 개량되기 시작하였다. 루뱅 지역이 전쟁 때마다 큰 피해를 보아 학문적 유산이나 문화재가 많이 소실되어 아쉬울 따름이다. 북유럽의 전통적인 학술 대학으로 엄청난 양의 역사적 문헌을 가지고 있었던 루뱅대학교 도서관도 1, 2차 세계대전 때 폭격과 화재로 귀중한 자료들을 많이 잃어버리고 말았다.

킬링 곡선

이산화 탄소는 화석연료나 탄소 화합물을 태울 때 발생하는 연소 생성물이다. 지구 생태계에서는 산소로 호흡을 하는 생물체는 호흡의 결과로 이산화 탄소를 내놓고, 광합성을 하는 식물은 물과 이산화 탄소를 이용하여 탄수화물을 만들어낸다. 현대인에게 이산화 탄소는 온실기체로 더 잘 알려져 있다. 대기 중 이산화 탄소가 온실 유리창처럼 태양의 가시광선은 통과시키고, 지구가 내놓는 적외선은 잘 통과시키지 않아 지구의 온도를 유지해 주는 역할을 하기 때문이다. 그러나 온실효과가 좋은 것만은 아니다. 이산화 탄소 96%, 질소 3.5%로 구성되어 온실효과가 큰 금성의 지표면 대기압은 약 95기압 정도인데, 이산화 탄소가 많다 보니 그 표면 온도는 400℃보다도 높다. 온실효과가 없는 달 표면은 태양이 비추는 곳과 그렇지 않은 곳의 표면 온도가 140℃에서 −171℃로 일교차가 300℃가 넘는 것과 비교가 된다.

이산화 탄소의 온실효과는 지구 기후에 매우 큰 영향을 끼친다. 지구에는 대기가 존재하고, 열용량이 큰 바다가 있어 기후 현상이 복잡하게 나타난다. 온실효과를 일으키는 기체는 여러 가지가 있다. 메테인이나 질소 산화물 등이 더 효과가 크지만 지구 대기중에는 1 ppm 내외로 양이 적다. 이산화 탄소는 앞의 두 기체에 비하면 온실효과를 일으킬 수 있는 효율은 떨어지지만 대기 중에 400 ppm이나 되어 가장 주목을 받고 있는 것이다. 게다가 현대 문명은 엄청난 양의 화석연료를 태워서 에너지를 얻기 때문에 대기 중에 많은 양의 이산화 탄소를 계속 방출하여 농도를 높이고 있으며, 마침내 지구 기후 평형에 영향을 줄 정도가 된 것이다.

얼마 전까지만 해도 대기 중 이산화 탄소 농도가 늘어나는 것에 회의적인 사람들이 많았다. 인간의 활동에 따른 실험 오차를 최대한 배제하기 위해, 남극 대륙이나 하와이섬 마우나로아 화산 3394 m 정상에 위치한 미국립해양대기국(NOAA)의 마우나로아 관측소에서는 1958년부터 지금까지 매일 대기 중 이산화 탄소 농도를 측정해 왔다. 특히 마우나로아 관측소는 고도가 높고, 적도에 가까워서 계절에 따라 변화하는 대기 중 이산화 탄소 농도의 평균값에 가까운 측정값이 나오기 때문에 지구의 이산화 탄소 농도를 이야기할 때 기준이 되는 곳이다. 마우나로아 관측소 건물 입구에는 찰스 데이비드 킬링Charles David Keeling, 1928~2005 박사의 유명한 이산화 탄소 농도 변화 그래프(킬링 곡선)가 동판에 새겨져 있다. 킬링 곡선에 따르면 약 60년 전부터 대기 중 이산화 탄소 농도가 310 ppm에서 지속적으로 늘어나 현재는 400 ppm을 넘었다.

아무도 알아주지 않을 때부터 대기 중 이산화 탄소 농도를 평생 측정한 데이비드 킬링 박사는 누구일까? 킬링 박사는 1953년 미국 노스웨스턴대학교 화학과에서 박사 학위를 받았다. 원유는 싸고 수많은 석유화학 제품이 개발되어 쏟아져 석유의 시대에 그의 동창생들은 대부분 석유 관련 회사의 연구원으로 취업하여 부와 명성을 쌓았으나 킬링 박사는 지질학과 해양, 기상의 화학에 관심이 있었다. 그는 연봉 등의 대우가 좋은 정유회사 대신 캘리포니아 공과대학의 지질화학과에서 연구원 생활을 시작하고, 캘리포니아주 샌디에이고에 있는 스크립스 연구소의 해양과학과 교수가 되었다. 석유 시대가 열리고 인류가 화석연료를 쓰면 발생하는 이산화 탄소가 지구 대기 중 농도에 영향을 얼마나 주는지 꼭 연구하고 싶었기 때문이다.

그러나 당시에는 정확하게 대기 중 이산화 탄소 농도를 측정할 장비조차 없었기에 그는 동료들과 측정 장치를 개발하고, 장치가 제대로 작동하는지를 알기 위해 오랜 보정 작업을 하였다. 시간이 오래 걸리는 지루한 작업이며 아무도 관심을 가지지 않는 연구였지만 결국 대기 중 이산화 탄소가 계절에 따라 규칙적으로 증가하고 감소하며, 그 평균값은 점점 커지고 있다는 것을 발견할 수 있었다. 숲이 많은 북반구에 여름이 되면 광합성이 활발해져서 대기 중 이산화 탄소 농도가 조금 줄었다가 북반구가 겨울이 되면 다시 조금 늘어나는 일이 매년 주기적으로 반복되는 것까지 측정한 것이다.

미국 과학재단에서는 단조롭고 반복되는 측정 결과가 나오기 시작하고, 대기 중 이산화 탄소 농도가 조금 늘어나는 당연한 결과를 확인한 것일 뿐이라고 그의 연구비 지원을 중간에 끊기도 했지만, 킬링 박사는 관측을 멈추지 않았고 그가 죽은 후에는 그의 아들 랄프 킬링 박사가 아버지의 일을 이어받아 계속하고 있다. 전통 있는 국숫집은 대를 이어 국수를 빚는 것이 자랑이라고 하더니, 과학자 중에도 그런 집안이 있는 셈이다. 킬링 박사의 대기 중 이산화 탄소 농도 데이터는 역사상 가장 장시간 동안 관측된 것이며 그 정확도는 세계 각국 정부와 UN에서 지구온난화를 논의할 때 기준이 되었다.

그뿐 아니다. 킬링 곡선 이야기를 수업 시간에 들었던 한 하버드 대학교 학생은 나중에 미국의 부통령이 되었고, 부통령 임기를 마친 후 자신의 대학교 기숙사 룸메이트였던 영화배우의 자문을 받아 지구온난화에 대한 다큐멘터리 영화를 찍고 책을 써서 전 세계를 돌며 이산화 탄소 감축을 호소하는 강연을 하였다. 결국 다큐멘터리 영화 〈불편한 진실〉(2006)은 미국 아카데미상을, 본인은 노벨 평화상을 공동 수상하였다. 누구인지 짐작이 가는가? 1993년부터 8년간 미국 부통령을 지낸 알 고어Al Gore, 1948~와 그의 대학 기숙사 룸메이트였던 토미 리 존스Tommy Lee Jones 이야기다. 아무도 관심 없는 단조로운 이산화 탄소 농도 측정에 평생을 바친 외골수 화학자가 만든 나비효과치고는 대단하지 않은가?

계산 문제

거리를 다니는 승용차가 대기 중에 얼마나 많은 이산화 탄소를 배출하는지 계산해보자. 휘발유 1리터를 연료로 사용하여 10 km를 움직인 승용차가 배출한 이산화 탄소의 양은 얼마일까?

풀이

이 계산을 하려면 휘발유가 옥테인(octane, C_8H_{18})만으로 되어 있다고 가정하고 옥테인 연소 반응에 대한 균형 맞춘 화학 반응식을 써야 한다. 탄소와 수소로 된 옥테인이 산소와 모두 반응하는 완전 연소에 대한 화학 반응식은 아래와 같다. 이때 탄소는 이산화 탄소, 수소는 물이 만들어지는 데 사용된다.

$$C_8H_{18} + O_2 \rightarrow CO_2 + H_2O$$

화학 반응식은 균형을 맞추어 써야 하는데, 반응 전후 즉, 화살표 왼쪽과 오른쪽에 있는 원자의 종류와 개수가 맞아야 한다. 균형 맞춘 화학 반응식은 다음과 같다.

$$2C_8H_{18} + 25O_2 \rightarrow 16CO_2 + 18H_2O$$

균형 맞춘 화학 반응식을 보면 2개의 옥테인 분자가 완전연소하면 16개의 이산화 탄소를 만든다는 것을 알 수 있다. 같은 비율로 2몰, 즉 아보가드로 수의 2배에 해당하는 옥테인 분자는 16몰의 이산화 탄소를 만들어낸다.

이제 1 L의 옥테인은 몇 몰인지를 계산해 보자. 옥테인의 밀도는 0.6919 g/mL이고 분자량은 114 g/mol이다. 이런 정보를 물질의 물리적 성질, 화학적 성질이라고 하는데 인터넷이나 백과사전에서 쉽게 찾을 수 있다. 이를 이용해 옥테인 1 L는 691.9 g이고, 이를 분자량으로 나누어 6.06몰이 되는 것을 알게된다.

옥테인 114 g = 옥테인 1 몰

옥테인 1 L = 옥테인 691.9 g = 옥테인 6.06 몰

6.06몰의 옥테인을 완전연소하면? 이산화 탄소는 48.48몰 만들어지고 이산화 탄소의 분자량 44.0 g/mol을 이용하여 이를 환산하면 2.13 kg임을 알 수 있다.

계산 문제에서 보듯이, 휘발유 사용을 1 L 줄이면 2.13 kg의 이산화 탄소 배출을 줄이는 것이 된다. 결국에는 인류가 탄소배출이 거의 없는 에너지원을 찾아 나가야 하겠지만 오늘 당장 휘발유를 쓰는 자동

차를 모두 없앨 수는 없을 것이다. 하이브리드 차나 전기차를 쓰더라도 전기를 만들면서 배출되는 이산화 탄소가 있는데, 그 배출량이 내연기관 차를 쓰는 것보다는 줄일 수 있기 때문에 권장하는 것이다. 마른 수건을 짜는 심정으로 자동차의 연비를 늘리고 운전 습관까지도 신경을 써서 이산화 탄소 배출량을 조금씩 줄여나가야 한다.

'이런 노력까지 하는 것이 무슨 의미가 있을까?'라며 인류가 머뭇거리다가 불행히도 지구의 기후 변화는 심각한 수준이 되어버렸다. 킬링 박사가 처음 대기 중 이산화 탄소를 측정했을 때 308 ppm이었던 것이 2022년 현재 400 ppm을 넘어가고 있다. 누가 이산화 탄소를 많이 내놓고 있고, 많이 내놓을 수밖에 없는지, 어느 회사나 어느 지역이 이산화 탄소를 얼마나 배출하는지 알려주는 온실가스 배출량 통계도 있고, 인구 한 명당 배출량 통계도 있다. 전 세계는 1997년 교토 의정서를 시작으로 UN이나 IPCC, COP 등에서 꾸준히 이산화 탄소 배출량을 줄이기 위해 논의하고 있지만 산업 발전과 편안한 생활 방식과 직접적으로 연결되는 탄소 배출량을 단번에 줄이는 것이 쉽지 않아 안타깝다.

보일, 진공 실험, 마그데부르크 반구

아리스토텔레스가 "자연은 진공을 혐오한다"라고 말한 것이 17세기까지 받아들여지면서 사람들은 진공이란 개념으로만 있고 실제로는 존재하지 않는다고 생각해 왔다. 공기 속에서 살면서 우리가 공기의 존재를 느끼는 경우는 드물었고 공기가 전혀 없는 조건을 만들기도 쉽지 않았기 때문이다. 그러나 17세기 들어오면서 현장에서는 기체와 진공에 대한 실험적 증거가 조금씩 나오게 되었다. 1643년 이탈리아에서는 기체에 대한 역사적 실험이 진행되었다. 갈릴레오의 비서이자 제자였던 에반젤리스타 토리첼리Evangelista Torricelli, 1608~1647는 펌프로 뽑아 올릴 수 있는 우물물의 깊이가 10 m 정도라는 사실에 관심을 가지게 되었다. 토리첼리는 한쪽 끝이 막힌 유리관에 물보다 밀도가 큰 수은을 채운 후, 이를 거꾸로 세우면 수은이 일정 높이에서 멈추는 것을 발견하였다. 토리첼리의 수은기둥이라 불리게 된 수은기둥의 높이는 항상 76 cm인 것이 확인되었고, 그는 주변의 대기압이 수은기둥과 균형을 이루기 때문이라고 해석하여 대기압을 측정할 수 있는 기틀을 마련하였다. 꽉 채웠던 수은기둥이 떨어지면서 만들어내는 유리관 위쪽 빈 공간은 진공이라고 설명하였다.

기체의 압력(P)은 힘(F)을 가해지는 면적(A)으로 나누어 P = F/A로 정의된다. 그래서 압핀을 게시판에 눌러 꽂을 때 양쪽에 같은 힘이 작용하지만, 뾰족한 쪽은 단면적이 좁으니 더 큰 압력이 되어 게시판을 뚫고 들어가는 것이다. 칼을 갈면 더 잘 드는 것도 그런 이유이다. 같은 힘이라도 가해지는 면적을 좁고 가늘게 하면 더 큰 압력이 작용하기 때문이다. 토리첼리의 수은기둥을 이용한 압력계는 유리관 속의 수은(Hg)이 바닥 수은 단면적에 가해지는 힘이 대기압과 같아지는 높이를 측정한다. 수은은 상온에서 액체이고, 밀도가 커서 760 mm 정도의 높이만 되도 물 10 m의 무게, 즉 중력에 의한 힘을 나타낼 수 있다. 이렇게 액체 기둥의 높이를 이용해서 760 mmHg, 10 mH_2O 등으로 1기압의 압력을 표시할 수 있다. 압력의 표준 단위는 파스칼(Pa)이 쓰이는데 1 Pa는 1뉴턴(N)의 힘이 1 m^2에 가해질 때의 압력이다. 환산해 보면 1기압은 100,000 Pa 정도 된다.

1650년 공병학자였던 오토 폰 게리케Otto von Guericke, 1602~1686는 독일 마그데부르크Magdeburg의 시장이 되어 물 펌프를 개조한 공기 펌프로 신기한 공개 실험을 하였다. 반쪽짜리 구리 공 두 개로 만들어진 공 속에서 공기를 뽑아내고 이 둘을 강제로 떼어내는 실험을 페르디난트 3세 황제 앞에서 시범하였다. 구리 공 속이 진공이 되자, 말 16마리가 양쪽에서 잡아당겨도 공의 반쪽을 떼어낼 수가 없었다. 그러나 밸브를 열어 공기를 넣자마자 두 공이 쉽게 떨어졌다. 연금술사들은 눈에 보이지 않는 기체를 무시하거나, 모든 기체는 공기와 똑같은 단일 성분이라고 잘못 생각해 왔다. 이제 펌프로 물을 퍼내는 것처럼 눈에 보이지 않는 공기도 펌프로 뽑아낼 수 있고, 정말 아무것도 없는 진공 상태를 만들었다고 설명할 수 있게 된 것이다.

프랑스의 파스칼, 독일의 게리케, 영국의 보일 등이 진공과 대기압에 관한 많은 실험과 신기한 실험 시범을 진행하였다. 1768년에 조셉 라이트가 그린 〈에어 펌프 속에 있는 새로 하는 실험 An Experiment on a Bird in an Air Pump〉은 과학자로 보이는 사람이 귀족의 자택을 방문하여 가족과 친구들이 보는 가운데 진공 실험을 시연하는 것을 그린 것이다. 그림 속의 붉은 재킷을 입은 사람이 시범을 보이는 과학자일텐데, 아직 공기의 존재를 모르던 시대였으니 유리병 속의 새가 공기 펌프를 작동시키면 서서히 질식하여 죽는 것을 보여주는 것이다. 공포에 질려 새를 쳐다보는 아이들의 모습과 이를 달래는 아버지, 약간 미치광이처럼 보이는 과학자의 모습이 보인다. 당시 사람들은 진공 펌프가 새의 영혼을 빼앗아 가는 기계라고 생각했고, 이 실험을 두려움과 흥미로움 속에서 구경하곤 했다. 실제로 로버트 보일도 진공 펌프를 이용하여 그런 실험을 하는 것을 사람들에게 보여주는 것을 즐겼다고 한다.

로버트 보일Robert Boyle, 1627~1691은 오토 폰 게리케의 공기 펌프에 대한 글을 읽고, 기계 제작에 천부적 솜씨가 있던 로버트 훅Rober Hook, 1635~1703의 도움을 받아 공기를 뽑을 수 있는 진공 펌프를 만들었다. 그는 역학적으로 흥미를 가지고 있던 스프링 법칙(훅의 법칙)에 빗대어 공기의 압력과 부피의 반비례 관계를 '공기 스프링'이라는 개념으로

조셉 라이트, 〈에어 펌프 속에 있는 새로 하는 실험〉(1768)

설명하였고, 이것이 우리가 알고 있는 보일의 기체 법칙이 되었다. 기체의 부피와 압력이 반비례한다는 의미는 바로 아리스토텔레스의 원소론이 과학적 원소론으로 바뀌어 가는 첫 관문이었다. 아무것도 없어 보이는 공기를 빼내어 진공을 만들 수 있다면, 공기를 이루는 눈에 보이지 않는 입자들이 있다고 생각할 수 있다. 바로 기체 분자이다. 저울의 경우와 마찬가지로 기압계와 공기 펌프가 발명되자, 이를 활용한 실험에서 기체에 대한 법칙이 발견되는 것은 과학에서 측정장치와 도구가 얼마나 과학 발전에 중요한 역할을 하는지를 보여주는 또 다른 사례라고 할 것이다.

귀족이었던 로버트 보일은 어려서부터 훌륭한 가정교사들을 불러 최고의 개인 교육을 받고 자란 금수저였다. 라틴어, 프랑스어, 이탈리아어를 배웠고 청년이 되자 당시 영국 청년들이 그랬던 것처럼 유럽 여행을 하고 돌아왔다. 영국을 떠나 가정교사와 함께 프랑스와 이탈리아를 2~3년간 여행하는 그랜드 투어 동안 보일은 신학 연구에 전념하려는 처음 계획과 달리 자연철학자들과 연금술사들을 만나 연금술에 매료되어 자신의 진로를 바꾸었다. 물론 그 당시 연금술은 약간의 눈속임과 철학자의 돌을 찾는 신비스런 탐구활동이 섞여 있었지만, 보일에게는 신학 공부와는 완전히 다른 매력이 있었던 것이다. 특히 미국의 연금술사 조지 스타키George Starkey, 1628~1665와의 만남은 보일에게 연금술의 기술을 배우게 되는 좋은 기회였다.

20대 후반에 보일은 옥스퍼드로 가서 연금술과 자연철학의 이념을 통합하는 학구적 분위기에 젖어 들었다. 1668년 런던으로 건너가 자택에 실험실을 가지고 있던 누나 캐더린 존스의 집에 살면서 오누이는 많은 실험을 함께 진행하고 런던과 옥스퍼드의 과학자들과 활발하게 교류하여 영국과 유럽에 이름을 널리 알렸다. 투명한 대학, 루나 소사이어티 등을 조직하고 영국왕립협회의 설립 회원이 된 그에 대해서 전기 작가 존 오브리는 로버트 보일을 "키가 대단히 크고, 절도 있고, 덕망 있고, 검소하며… 가장 즐기는 일은 화학"이라는 인물평을 남기기도 하였다. 외모는 영화배우인데, 귀족 집안 자제이고, 부자인데 검소하고, 공부도 운동도 못 하는 것이 없이 잘하고, 성격도 좋은 셈이니 이런 칭찬을 들을 만해 보인다. 그런데 그가 가장 재미있어 하는 일이 마침 연금술이었다니. 신학자를 꿈꾸는 보수적 귀족 출신이지만 관행적인 낡은 생각을 버린 로버트 보일은『의심하는 화학자』라는 책을 써서 아리스토텔레스의 4원소설과 파라셀수스의 세 개의 근본물질 이론을 비판하였다. 물론 그 자신도 화학, 물리, 신학 등의 주제를 함께 다루면서 실험자의 주관이나 신의 뜻이 배제된 물리 법칙을 통해서 자연 현상을 설명하려고 노력했다는 점을 기록하려고 했던 것이다. 그런 점에서 보일을 마지막 연금술사이자 첫 번째 화학자 혹은 과학적 화학의 아버지라고 할 수 있겠다.

산과 염기, 산-염기 적정

산과 염기는 역사적으로 오래전부터 알려져 왔다. 오늘날 우리가 아는 산과 염기의 성질은 연금술사들도 잘 알고 있었고 초산, 질산, 아세트산, 황산 등을 연금술에 활용하였다. 산이라면 대부분

무시무시한 해골 그림과 부글부글 거품을 내며 금속을 녹이는 독성 물질로 생각한다. 실제로 몇몇 강산은 매우 위험한 것이 사실이지만, 세상에 수없이 많은 산 중에 강산은 우리 머리에 떠오르는 몇 가지 빼고는 그리 많지 않다. 일반적으로 산은 신맛을 내는 물질로 알려졌다. 식초는 아세트산의 묽은 용액으로 신맛을 내고, 레몬은 시트르산 때문에 신맛이 난다. 아랍어 *al-qali*에서 이름을 딴 알칼리는 쓴맛이 나고 미끌미끌한 느낌이 난다. 칼리는 아랍어로 구운 재를 의미한다.

여기서 산이나 염기의 맛을 이야기하는 것은 레몬주스나 식초처럼 먹을 수 있는 제한된 물질에서 유추한 것이지 일반적인 산이나 알칼리를 함부로 맛보면 안된다. 화합물 분석 방법이 없던 예전에는 연금술사들이 화합물의 색을 보고, 결정 모양을 보고, 심지어는 맛을 보아 여러 화학물질을 구별하기도 했다고 한다. 그러다 보니 연금술사 중에는 화합물 중독으로 평생 고생하거나 일찍 세상을 떠난 사람이 많다는 것을 기억하자. 직업병이라고 해야 할까? 다행히도 현대의 화학자들은 그런 위험을 무릅쓰지 않고도 얼마든지 미량 물질을 분석할 수 있는 안전한 실험 방법과 분석 장치를 가지고 있다.

산 중 유기체가 만들어내는 산을 유기산이라고 부르고, 나머지를 무기산이라 구분하는데, 초창기에는 산소 원자가 포함되어야 산이라고 추측하였다. 라부아지에도 산소 원자가 산의 구성 물질이라고 생각하여 산소에 불어로 '산소를 만드는 성분'이라는 뜻의 oxygene, 즉 옥시젠이라는 이름을 붙였다. 하지만 염산(HCl)의 분자식을 확인해 보라. 강한 산이지만 산소 원자가 없다. 나중에 산소가 아니고 양성자, H^+가 있어야 산이라는 것이 알려졌지만 산소의 원소 이름까지 수정하지 못해서 oxygene이라는 명칭은 그냥 남고 말았다. 불어와 영어뿐 아니라 우리도 산소의 '산'이 한자로 산을 뜻하니 어원까지 살려 원소 이름 참 잘 번역한 셈이다.

산과 염기의 기본적인 성질을 많이 연구한 사람은 스웨덴 화학자 스반테 아레니우스Svante August Arrhenius, 1859~1927이다. 아레니우스는 물에 녹아 전기를 통하게 하는 물질을 연구하면서, 산은 수용액에서 수소 이온(양성자, H^+)을 내고, 염기는 수산화 이온(OH^-)을 내는 물질이라고 가정하였다. 아레니우스는 웁살라 대학에서 용액의 성질을 연구하던 대학원생이었을 때 용액의 전도성을 이온 개념으로 처음 설명했지만, 당시 대다수의 과학자들은 그 이론을 믿지 않았다. 한 심사위원은 그가 재능이 모자르다고 평하기도 했다. 지금 어느 대학원생이 이온의 존재를 믿지 않는다고 주장한다면 지도 교수가 그를 재능 없는 과학도라고 걱정했을 텐데, 그때는 거꾸로 상황이 벌어진 것이다.

물론 수년 후 원자 속 양성자와 전자가 존재한다는 것이 발견되자 아레니우스의 이온 가설은 바로 받아들여졌다. 아레니우스는 물에 녹아서 양성자를 내놓는 물질을 산, 물에 녹아서 OH^-를 내놓는 물질을 염기라고 정의했고, 양성자와 수산화 이온이 만나 물을 만드는 반응을 중화반응이라고 불렀다. 실제로 어떤 산과 어떤 염기가 만나던 중화반응의 핵심은 항상 양성자와 수산화 이온이 만나 물이 되는 반응이다. 중화반응에서 만들어지는 물질이 물과 염salt이다. 영어로 salt는 설렁탕에 넣는 소금이라고 번역하기 쉽지만, 먹는 소금은 화학적 염의 한 종류일 뿐이다. 화학 교과서에서는 이를 구분하기 위해서 먹는 소금을 테이블 솔트, 즉 식용 소금이라고 하여 넓은 의미의 염과 구별한다. 연금술에서는 산과 알칼리가 만나 염을 만드는 과정은 길항작용antagonism, 즉 서로 견제하는 두 가지 기운이 서로 조정하여 작용하는 것으로 보았다. 현대적 의미의 화학평형 개념과도 일맥상통한다고 볼 수 있다.

만약 수산화기가 없는 물질과 산이 반응한다면 어떻게 될까? 니콜라우스 브뢴스테드Johannes Nicolaus Brønsted, 1879~1947와 토머스 마틴 로우리Thomas Martin Lowry, 1847~1936는 산을 양성자 주개, 염기를 양성자 받개로 정의하여 순전히 양성자의 이동만을 생각하여 산과 염기를 정의하였다. 이렇게 하면 아레니우스의 정의보다 산과 염기의 범위가 넓어진다. 아래와 같은 산과 염기의 평형 반응에서 HA와 HB^+가 양성자 주개로 브뢴스테드 산이 된다.

$$HA + H_2O \rightleftarrows H_3O^+ + A^-$$

$$B + H_2O \rightleftarrows HB^+ + OH^-$$

브뢴스테드와 로우리의 정의대로라면 암모니아(NH_3)는 물속에서 암모늄 이온과 수산화 이온(OH^-)을 형성한다. 그래서 암모니아는 수산화기를 포함하고 있지 않아도 염기로 분류된다.

양성자를 받아들이는 암모니아에게 양성자를 보내주는 것은 누구일까? 바로 수용액을 만들어준 물 분자이다. 따라서 물은 양성자 주개, 암모니아는 양성자 받개가 되어 브뢴스테드 산과 브뢴스테드 염기를 형성한다. HCl 수용액의 경우 HCl은 양성자 주개, 물은 양성자 받개가 된다.

한 가지 흥미로운 것은 암모니아 수용액의 경우 물이 양성자 주개였는데, HCl 수용액의 경우 물이 양성자 받개가 된다는 점이다. 즉, 물은 주변 환경에 따라서 산과 염기의 역할을 모두 할 수 있다. 만약 물 분자끼리 만나서 중화반응이 일어난다면 어떻게 될까? 두 개의 물 분자가 만나면 하나는 산으로 또 하나는 염기로 작용할 수 있을 것이다. 그때 평형상수를 K_w라고 하고 물의 이온곱 상수(이온적)라고 하는데, 이 값은 25℃에서 1.0×10^{-14}이다. 순수한 물이라면 $[H_3O^+] = [OH^-]$이므로 $[H_3O^+] = 1.0 \times 10^{-7}$이다.

수용액에서 양성자를 내놓을 수 있어야 산이다. 그렇다면 산의 세기는 수용액에 양성자의 농도가 얼마나 큰지로 결정할 수 있다. 이를 pH라고 하는데, 양성자 농도에 로그 함수를 취한 후 부호를 바꾸어 정의한다.

$$pH = -\log [H^+]$$

수학적 정의에 따라 pH가 작을수록 $[H^+]$, 즉 양성자의 농도가 큰 것이고 강한 산성이다. 앞에서 순수한 물도 스스로 중화반응을 하여 양성자가 존재한다고 하였는데, 그때의 $[H^+]$ 농도로 pH를 결정하면 7이 된다.

$$K_w = [H^+][OH^-] = 1.0 \times 10^{-14}$$

$$pH = -\log [H^+] = 7$$

양성자와 수산화 이온의 평형에 의해서 염기의 세기도 pH를 이용하여 비교할 수 있다. pH가 커질수록 양성자 농도가 작고 강한 염기가 된다. pH는 염료 지시약, 리트머스 종이, 만능 지시약 등의 색 변화를 통해 추정할 수 있다. 예를 들어 산은 리트머스 종이를 빨갛게 만들고, 염기는 리트머스 종이를 파랗게 만든다. 전기화학적인 방법으로 전극을 사용하여 전압으로 양성자 농도를 결정하는 pH 미터는 pH를 정확하게 측정할 수 있게 해준다.

용해도

소금이나 설탕을 물에 녹이면 투명하게 녹아서 사라지지만 소금물을 증발시키거나 응축하면 다시 소금을 얻을 수 있다. 이때 물을 용매, 소금이나 설탕을 용질이라고 하고, 둘이 섞여 있는 혼합물을 용액이라고 한다. 용액은 어느 부분을 보아도 같은 농도를 가지기 때문에 균일 혼합물이다. 용액이 꼭 액체일 필요는 없다. 소금물이나 설탕물처럼 공기도 산소와 질소가 섞여 있는 기체 상태 용액이다. 합금은 고체상태 용액이라고 할 수 있다. 그런가 하면 액체라고 다 용액은 아니다. 불균일한 농도나 불투명해 보이는 액체는 용액이 아니고, 심지어는 투명해 보이는 액체도 녹아있는 입자 크기에 따라 용액과 콜로이드로 구분한다.

콜로이드는 틴들 현상으로 확인할 수 있는데 콜로이드 입자들에 의한 빛의 산란 현상으로 19세기 영국의 물리학자 틴들John Tyndall,

1820~1893이 발견하였다. 콜로이드가 가시광선을 잘 산란시키는 이유는 콜로이드의 입자 크기(약 1~1000 nm)가 가시광선 파장 영역(400~700 nm)과 비슷하기 때문이다.

용액과 콜로이드, 현탁

	용액	콜로이드	현탁
혼합물	규일	균일해 보이나 미시적 불균일	불균일
입자 크기	< 1 nm	1 ~ 1000 nm	> 1 μm
안정성	O	O	X
틴들 효과	X	O	O
원심 분리	X	O	O

용액 속 용질의 양을 농도로 표시한다. 일정 부피 용액에 용질이 몇 몰 녹아있는지를 몰농도라고 한다. 몰농도의 단위는 [몰수/부피 단위]로 mole/L가 된다. 경우에 따라서는 질량비나 부피비를 사용하는 경우도 있는데 이때는 단위가 없고 비율이 된다. 비율에 100을 곱하면 퍼센트(%)가 되고, 백만을 곱하면 ppm(parts per million), 십억을 곱하면 ppt(parts per trillion)가 된다.

물 한 컵에 계속 소금을 넣다 보면 어떻게 될까? 소금물의 농도가 점점 높아지다가 소금이 녹아 들어가지 않고 바닥에 가라앉는다. 이때 용액의 농도는 더 이상 증가하지 않고 포화되었다고 한다. 포화 농도가 주어진 온도에서 최대한 녹일 수 있는 양이 될 것이다. 용액의 농도 대신 용해도를 사용하기도 하는데 용매 100 g에 녹을 수 있는 용질의 그램 수로 표시한다. 가끔 용해도보다 더 녹아있을 때가 있는

데 이를 과포화 상태라고 하고, 과포화되어 있는 용액에 아주 작은 변화만 주어도 갑자기 초과된 양의 용질이 모든 고체가 되어 석출된다.

고체는 따뜻한 물에서 용해도가 높다고 하지만, 기체의 경우는 일반적으로 반대이다. 이산화 탄소 기체가 설탕물에 녹아있는 사이다를 생각해 보자. 냉장고에 보관하면 이산화 탄소가 많이 용액에 녹아 들어가지만, 온도가 높은 곳에서는 대부분 기체로 빠져나오기 때문에 (김빠진 사이다) 마셨을 때 청량감이 떨어진다.

산업체나 발전소에서 하천이나 바닷물을 냉각수로 사용하고 방출하여 물의 온도가 단순히 높아지기만 해도, 생태계에 영향을 줄 수 있다. 온도가 높은 물에는 산소가 적게 녹는 데다가, 밀도까지 낮아 저온의 물보다 위쪽에 자리 잡기 때문이다. 결국 수중 생태계에 필요한 산소 공급이 줄어들게 되어 수중 생물의 호흡이 힘들어지게 되는데 이를 환경오염과 구분하여 열오염이라고 한다.

용매로 많이 사용되는 물은 매우 특별하다. 물 분자는 H_2O로 분자 구조를 보면 104.5°로 꺾인 모양을 하고 있다. 물 분자의 전자구름을 살펴보면 산소 쪽은 전자들이 조금 많아 약한 음전하를 띠고, 수소 쪽은 약한 양전하를 띠고 있다. 전자 분포가 편중되어 있는 분자를 극성 분자라고 하는데, 극성 혹은 전하를 가지고 있는 용질을 녹이는데 에너지적으로 유리하게 작용한다. 반대로 극성이 없는 기름 종류는 극성 분자인 물에 잘 녹지 않는다. 이를 극성 물질은 극성 분자에 잘 녹는다는 말로 설명한다.

비타민에는 수용성 비타민과 지용성 비타민이 있다. 물에 잘 녹는 비타민 B, C는 수용성, 물보다는 기름에 잘 녹는 비타민 A, D, E, K는 지용성이다. 이들 분자 구조를 보면 극성을 띨 수 있는 −OH 작용기나 산소 분자들이 많으면 수용성인 것을 알 수 있다.

지용성 비타민을 필요 이상으로 많이 섭취하면 체내 세포와 간에 축적되어 독성 현상을 보이므로 섭취 시 조심해야 한다. 예를 들어 비타민 D는 일광욕이나 식품을 통해 섭취할 경우 하루 권장량 400~800 IU로 독성을 걱정할 필요가 없다. 그러나 영양제 등을 통해서 과다하게 섭취하면 칼슘 과다증과 비슷해 보이는 비타민 D 과다증hypervitaminosis D을 보인다. 비타민 D는 소변이나 땀으로 쉽게 배출되지 않기 때문에, 적당량만 섭취하는 것이 중요하다. 비타민이나 호르몬, 백신 같은 물질의 생체 내 효과를 나타내는 정도를 비교하는 단위인 IU는 물질마다 해당 질량이 다르기 때문에 주의해야 한다. 그에 비해서 수용성인 비타민 C는 성인은 하루에 2 g까지도 허용되며, 일시적으로 과량 섭취하면 상당량이 소변으로 배출되어 버린다.

내시경이나 CT가 널리 쓰이기 전에는 엑스레이를 이용하였는데 방사성 토륨을 포함한 이산화 토륨을 조영제로 마시게 한 후 위나 장의 엑스레이 사진을 찍었다. 1950년대 방사선이 몸에 나쁘다는 것이 알려져 토륨 조영제의 사용이 금지되자, 방사선은 없지만 엑스레이 사진에서 생체 조직과 명암을 다르게 나타내는 물질을 위벽이나 장 내벽에 코팅시켜 장기의 상태를 검사하였다. 황산 바륨이 새로운 현탁 조영제로 많이 쓰이는 물질이다. 바륨 이온은 성인 치사량이 1~15 g으로 독성이 높아 거부감이 들 수 있는데, 바륨 황산염은 용해도가 무척 낮아서 몸속에서 흡수될 가능성이 없다. 20℃에서 설탕의 용해도는 100

g 물에 대해 179 g, 소금은 35.7 g인 데 반하여 황산 바륨은 230 μg이다. 요즘은 이외에도 아이오딘이나 가돌리늄 화합물 등이 조영제로 쓰인다.

식량과 질소

인류는 지난 200년 동안 평균 수명이 2배 이상 늘어났고, 인구는 5배 이상 늘어났다. 더 많은 사람이 더 오래 살게 된 세상이다. 역사학자들은 기원전 만여 년 전, 전 세계의 인구는 5천만 명이 안 되었을 것으로 추정한다. 대한민국 전체 인구가 지구 전체에 여기저기 흩어져 살았다고 생각하면 된다. 그러나 2022년 세계 인구는 80억 명이 넘어섰다. 이렇게 많은 인구가 모두 배부르게 식량을 공급받고 있는 것은 아니지만, 80억 명의 생명을 유지할 수 있는 최소한의 식량이 지구 어딘가에는 있다는 뜻이다.

인류가 필요로 하는 가장 기본적인 식량은 쌀, 보리, 밀 같은 곡물이다. 유엔의 세계식량농업기구(FAO)의 통계를 보면 인류는 일 인당 일 년에 150 kg의 곡물을 필요로 한다. 하루에 평균 400 g 정도의 곡물(밥, 빵, 옥수수 등)을 먹어야 한다니?

여러분이 편의점에서 파는 즉석밥의 용량을 보면 210 g짜리가 많은데, 80~100 g의 쌀로 밥을 하면 수분을 함유하여 무게가 늘어나면서 밥이 되고, 밥을 밀봉시키면 즉석 밥 210 g이 되는 것이다. 식당 공깃밥 그릇에 밥을 담으면 몇 g일까? 그것도 210 g으로 정해져 있는데,

실제 수분의 양을 빼고 쌀의 무게만 재면 약 90 g이라고 한다. 하루에 공깃밥을 5개 이상 먹으면 세계 식량기구 권장량보다 더 먹는 셈이고, 하루 세 개의 즉석밥을 먹는다면 630 g의 밥, 혹은 210~315 g의 쌀을 먹는 셈이다.

2020년 통계청 발표에 따르면 우리나라는 2020년에 350만 톤의 쌀을 생산했다. 국민 일 인당 일 년에 평균 70 kg 꼴이니 FAO 권장량에 반도 못 미치는 양이다. 온 국민이 밥이 모자라서 배고플지 모른다고? 천만의 말씀. 한국인은 이제 쌀을 많이 소비하지 않는다. 같은 통계청 자료에 따르면 2020년에 일 인당 57 kg을 소비했으니 쌀 소비가 줄어서 생산량이 줄어들었다고 볼 수 있고, 여전히 생산량이 소비량보다 많으니 가격 폭등을 걱정할 필요가 없다. 빵이나 분식처럼 다른 식재료를 활용한 식단이 다양해진 것도 쌀 소비량이 줄어든 이유라고 하니, 예전에 쌀밥 대신 분식이나 잡곡밥을 먹어야 한다고 도시락 검사를 하던 시절이 있었다고 하면 지금 청소년들이 믿을지 모르겠다.

전 세계적으로 식량 생산을 늘리는 것이 절박했던 시절이 불과 100여 년 전이었다. 1898년 영국의 왕립협회장으로 선출된 윌리엄 크룩스 경은 취임 연설에서 유럽의 식량 공급이 폭발적인 인구증가를 따라가지 못하고 있어 결국 인류는 식량이 모자라 굶어죽을 수 있고, 아마도 그 전에 식량과 경작지를 차지하기 위해 큰 전쟁이 일어날 수도 있다고 경고하였다. 이런 비극을 피하기 위해서 그는 전 세계 과학자들이 식량 생산을 늘릴 수 있는 비료를 연구해야만 한다고 호소했다. 식물이 성장하기 위해선 탄소, 수소, 산소, 질소 등을 필요로 한다. 이것은 식물을 먹는 동물, 사람도 마찬가지다. 식물을 이루는 주요 원소

중 탄소, 수소, 산소는 물과 공기 중의 이산화 탄소에서 광합성으로 얻을 수 있지만, 공기 중에 가장 많은 성분인 질소는 식물이 직접 흡수하지 못하고 뿌리를 통해서만 제한적으로 얻을 수 있다. 그래서 질소 성분이 들어있는 비료를 뿌리면 식물이 더 잘 자라는 것이다.

지혜로운 농부들은 전통적으로 비료를 사용해 오기는 했다. 퇴비나 동물 배설물을 흙에 뿌린 것은 식물에 질소를 더 공급하기 위해서였고, 벼락이나 번개가 많으면 농사가 잘된다는 말도 비가 많이 온다는 뜻뿐만 아니라 전기 방전을 통해서 공기 중 질소가 질소 화합물로 만들어져 흙으로 많이 흡수되기 때문이 아닐까 추측해 본다. 한 경작지에서 작물을 바꾸어 가며 키우는 방법으로 토양의 화학 성분을 유지하기도 했다. 유럽에서는 남아메리카 칠레 해안이나 사막의 초석, 친자 섬의 구아노 등 질소가 함유된 광물질을 활용한 비료로 풍요로운 수확을 거두기도 했다. 하지만 천연 질소비료 원료는 수요가 늘어나면서 가격도 올랐고 양도 줄어들기 시작했다.

100년 전만 해도 유럽에서는 1헥타르(약 3천 평) 땅에서 1톤의 농작물도 생산하기 힘들었다. 그러나 오늘 중부 유럽에서는 같은 면적에서 약 4톤의 농작물을 생산한다. 물론 세 가지 화학물질을 사용하는 경우의 이야기니까 유기농이라고 할 수는 없다. 우리나라처럼 식량 공급이 넘치는 나라에서는 유기농이 중요하지만, 식량이 모자라는 나라에서는 농업과 식용으로 허가된 화학 물질이라면 적절하게 사용해서 수확량을 늘리고, 잘 씻어서 먹는 것이 나을 것이다.

곡물 수확량을 늘려준 세 가지 물질은 바로 화학 비료, 살충제, 방부제이다. 그중 화학 비료가 없으면 1헥타르 땅에서 2톤 이상 농작물을 생산하지 못하지만, 비료를 뿌리면 생산량이 배로 늘어난다. 비료를 뿌려도 살충제나 제초제 등 농약이 없으면 농작물은 모두 벌레가 먹어 버리고 만다. 심한 경우 농작물의 1/3을 잃어버리기도 한다. 비료와 살충제를 사용해도 가을에 수확한 농산물을 일 년 동안 먹으려면 썩는 것을 막아주는 방부제가 필요하다. 식품에 대해서는 방부제 대신 식품 보존제라는 말을 쓰기도 하는데, 뿌려 두기만 하면 미생물의 성장을 억제하여 몇 년간 농작물이 썩지 않게 해준다. 생태계를 생각하면 유기농법이 꼭 필요하지만, 굶어 죽거나 식량이 모자라는 상황에서는 유기농법이 차선책이 될 수도 있는 것이다.

통계에 따르면 우리나라는 2019년에 화학 비료를 1헥타르당 268 kg, 농약을 10.2 kg 사용하였다. 1980년대 후반기에 화학 비료를 1 ha당 450 kg 정도 사용하여 세계적으로 비료 사용이 많은 나라 중의 하나였던 것을 생각하면, 30여 년 만에 비료 사용을 반으로 줄인 셈이다. 현재 국내에서 생산된 화학비료는 국내에서 충분히 쓰고 외국에 수출도 하고 있다. 곡물 생산량을 늘리기 위해서는 이런 화학적 방법 외에도 유전자 개량, 기계를 사용한 스마트 농법 등 다양한 방식이 계속 연구 시행되고 있다.

하버-보슈 공정

공기 부피의 78%를 차지하는 질소(N_2)는 1772년 영국의 의사 러더포드가 처음 발견하였다. 질소 기체 속에 쥐를 집어넣으면 질식하였기 때문에 프랑스의 화학자 라부아지에는 이 기체를 생명이 없다는 뜻의 애조우트azote라고 부르기도 했다. 영어 이름 나이트로젠nitrogen은 질소 성분이 많은 광물인 초석nitrium에서 생기는 기체라는 뜻에서 왔다. 산소나 물과 달리 질소 분자는 매우 안정하고 반응성이 없는데, 이것은 질소 원자 두 개가 3중 결합(:N≡N:)으로 연결되어 있기 때문이다. 공기의 80%가 질소 분자지만 식물에게 질소 비료를 뿌려주어야 하는 것은 질소 분자가 안정된 결합을 하고 있기 때문이다. 안정적인 분자는 장점도 많지만, 반대로 다른 물질과 반응시키려 할 때는 많은 에너지가 필요하기 때문에 단점이 된다.

독일의 과학자 프리츠 하버는 1904년부터 대기 중에 있는 질소를 암모니아 형태로 전환하여 대량생산을 할 수 있는 방법을 연구하였다. 일단 질소에서 암모니아를 합성할 수만 있다면, 원료가 풍부한 공기 중 질소를 비료 성분으로 전환시켜 이용할 수 있기 때문이다. 하버는 질소의 온도를 높여 반응성을 높이고 여기에 수소를 섞어 암모니아를 만드는 정공법을 시도하였다. 수많은 실패를 거듭한 끝에 500℃의 온도와 250기압 이상의 압력에서 철 촉매를 이용해 암모니아를 얻는 데 성공했다. 하버는 이 업적으로 1918년 노벨화학상을 받았다.

프리츠 하버(1868~1934)

그러나 실험실에서 성공일 뿐,

대량생산하는 방법을 개발하는 것은 또 다른 과제였다. 마침 독일의 화학회사 바스프(BASF)는 당시 인공 인디고 염료를 만들어내 크게 성공했으나, 사양 사업이 되어가는 염료 사업을 대신할 새로운 사업을 찾고 있었다. 수많은 연구 끝에 공기 중 질소로 암모니아 생성에 성공한 하버는 바스프 사와 계약을 맺었고, 하버의 방법을 실용화하는 일에 이 회사의 연구원이었던 카를 보슈Karl Bosch, 1874~1946가 투입되었다.

하버는 공업화학자 카를 보슈와 협력해 암모니아를 대량 생산하는 방법을 개발해 냈고, 곧 대규모 공장을 지었다. 현대식 화학 산업단지의 시초이기도 했다. 이 업적으로 하버에 이어 카를 보슈도 1931년 노벨화학상을 수상했는데 카를 보슈는 노벨상을 탄 화학자이자 기업 대표였으며, 나치 기업으로 이차 세계대전 직후 전범 기업으로 해체된 I. G. 파르벤이 국가 주도로 만들어지자 초대 회장을 맡았던 사람이다. 1925년 카를 보슈가 속해있던 BASF 사 등 독일의 6개 화학 및 화공회사가 통폐합되어 만들어진 회사였기 때문이다. I. G. 파르벤은 이차 세계대전 중 독일 최대의 화학 회사로 독일군이 사용하는 타이어 고무에서 미사일 연료까지 모든 것을 만들었다.

하버의 업적이 정말 인류의 식량 문제를 해결했는지 확인할 수 있을까? 1850년부터 2000년 초반까지 세계 인구와 세계 질소 화합물 생산량 통계를 비교하여 짐작할 수 있다. 세계 인구의 변화와 질소 화합물 생산량이 비슷한 증가세를 보이기 때문이다. 뿌리혹박테리아를 통해서 식물이 공기 중 질소를 고정시키기도 하고, 화석연료에서 암모니아를 생산할 수도 있지만 그 생산량은 크게 늘어나지 않았다. 오직

하버–보슈 공정으로 만들어진 질소 화합물(암모니아)만이 늘어났다. 현재 전 세계의 농경지에 뿌려지는 질소 비료의 약 40%가 하버–보슈법을 통해 만들어진 것이며, 전 인류가 섭취하는 단백질의 약 1/3이 질소 비료에서 질소를 공급받아 만들어진다. 만약 질소 비료가 없었다면 현재 인류의 절반 이상이 굶주리게 되었을 테니 그의 발명이 얼마나 중요한지 미루어 짐작할 수 있다.

많은 업적을 내었지만 프리츠 하버의 생애가 장밋빛은 아니었다. 1차 세계대전과 2차 세계대전의 소용돌이 속에서 유태인 엘리트 독일 과학자의 삶이 어떠했을지 짐작하기 어렵지 않을 것이다. 그의 부인 클라라 임메르바Clara Immerwahr, 1870~1915 박사는 독일 최초의 화학 분야 여성 이학 박사였는데, 남편이 독가스를 개발할 때 개인적으로 말리고 반대하였다고 한다. 그러다 하버의 독가스가 결국 1915년 전쟁에 사용되었고, 그녀는 권총 자살하고 말았다. 하버는 독가스를 개발하여 독일군에게 제공한 것 때문에 1차 세계대전의 전범으로 몰리기도 했지만, 1918년 노벨화학상을 받아 다시 명예를 회복할 수 있었다.

질소 비료는 전쟁과 깊은 연관이 있다. TNT(트리니트로톨루엔)의 경우처럼 질소(나이트로) 화합물 중에는 폭발력이 커서 화약이나 연료에 쓰이는 것이 많다. 그러다 보니 질소 비료 공장을 화약 공장으로 바꾸는 것은 비교적 쉬운 일이라고 한다. 독일을 따라 하던 일제가 강점기에 우리나라 흥남에 질소 비료공장을 짓고, 공장에 필요한 전력을 생산할 수력발전소를 만든 것도 조선의 산업화를 위해서가 아니라 모두 제국주의 침략 전쟁을 위한 군수산업단지를 만들기 위해서였던 것으로 보아야 한다.

질소 비료를 많이 모으면 그냥 폭발물로 사용하는 것도 가능하다. 테러리스트들이 질소 비료를 폭발시켜 건물을 무너뜨린 사건이 있었고, 미국에서는 농사를 짓지 않으면서 질소 비료를 많이 사가는 사람을 CIA가 조사한다는 소문도 있었다. 유태인임에도 소신을 가지고 히틀러가 통치하는 조국을 돕던 하버는 결국 나중에 이용가치가 떨어지자 추방당해 1934년 스위스 바젤에서 쓸쓸히 죽었다. 하버와 함께 하버–보슈 공정을 개발했던 보슈의 삶도 마찬가지였다. 보슈는 사람들을 만나고 앞에 나서는 것을 몹시 기피하여 자신의 저택에 실험기구와 천문학 시설을 갖추고 연구하는 은거 생활을 했다. 자신의 회사가 국가에 징발되자 회사를 지키기 위해 계속 근무하여 나치 정권에 협력했지만, 말년에는 모든 문서와 자료를 태워버리고 재산도 없이 빈털털이로 죽었다. 과학은 보편적인 것이지만, 과학자는 조국과 가족이 있고 양심의 소리에 괴로워하는 한 명의 인간일 뿐이다.

관련 화학 개념

■ 산과 염기의 정의

산은 양성자 주개, 염기는 양성자 받개로 정의한다.

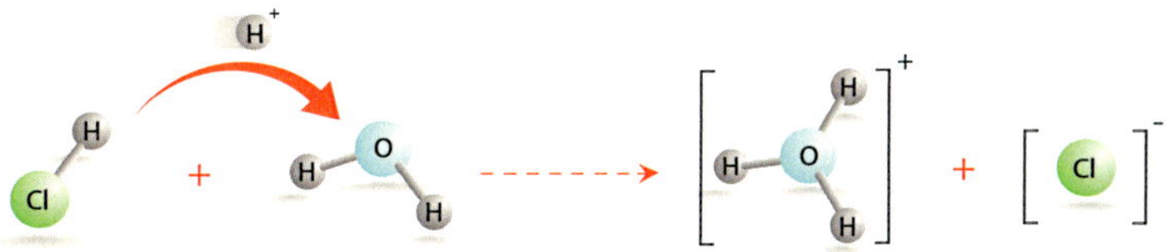

$$HCl_{(aq)} + H_2O_{(l)} \longrightarrow H_3O^+_{(aq)} + Cl^-_{(aq)}$$

염산 해리

■ 여러 산과 염기의 이름과 화학식

염산	HCl
아세트산	CH_3COOH
황산	H_2SO_4
탄산	H_2CO_3
붕산	H_3BO_3
암모니아	NH_3
수산화 소듐(수산화 나트륨)	$NaOH$
탄산 소듐(탄산 나트륨)	Na_2CO_3
수산화 마그네슘	$Mg(OH)_2$

3장

금과 산소

황금: 욕망의 발현

1922년에 영국의 고고학자 하워드 카터Howard Carter, 1874~1939는 '왕가의 계곡King's Valley'이라 불리는 이집트 남부 룩소르 지역에서 고대 이집트 18대 파라오 투탕카멘Pharaoh Tutankhamun의 훼손되지 않은 무덤(KV62)을 발굴하여 단숨에 유명해졌다. 다른 왕릉에 비해 소박한 규모의 무덤이지만, 대부분의 대형 무덤들이 수천 년간 도굴당해 유물이 별로 없는 것에 비해서 투탕카멘의 무덤은 전혀 도굴당하지 않은 상태로 발견되었기 때문이다. 무덤에는 미라와 순금 11 kg으로 만들어진 황금 마스크가 남아있었고, 많은 유물이 나왔다. 파라오 투탕카멘의 미라를 분석해본 결과 투탕카멘은 유전질환에 따른 선천성 기형으로 걷기나 말하기가 힘들었던 것으로 보이고, 말라리아에도 감염되었던 것으로 보아 매우 병약했던 상태라고 추측된다. 평균 수명이 짧은 시대였다고 하지만 기원전 1333년 10살 나이로 즉위해서 20살에 죽었으니 이집트의 파라오 중에서 크게 내세울 것 없고 역사책에 한 줄 나오는 초라한 파라오 중 한 명이다. 하지만 잘 보존

투탕카멘의 황금마스크
출처: Ahmed Yousry Mahfouz / Wikimedia Commons

된 순금 마스크 하나만으로도 투탕카멘은 인류 역사에 길이 기억되는 파라오가 되었다. 살아서 많은 업적을 내고 엄청난 보물을 넣어 웅장한 피라미드를 만들어도 모두 도굴되어 남은 것이 별로 없어 잊힌 다른 파라오와 비교하면 삼천 년이 지나도 세계적 명성을 가져다주는 황금의 위력은 아이러니라고 할 수 있다.

이집트인들은 신의 피부가 황금으로 되어 있다고 생각했고, 불멸의 태양과 대응하는 금속으로 황금을 물질 중 최고로 쳤다. 투탕카멘의 황금 마스크는 금으로 황제의 얼굴 모양에 따라 만들어지고 보석과 색유리로 장식하여 시체 얼굴을 덮는 데 사용된 것이다. 현재 카이로 이집트 박물관에 전시되어있는 황금 마스크는 아직도 삼천 년 전 모습을 그대로 유지하고 있는데 이것은 이집트인의 마법이나 마술이 아니고 금의 화학적 성질 때문이다. 금은 화학적으로 매우 안정하여 산이나 염기와도 반응하지 않기 때문에 강한 산에도 녹지 않고 왕수라는 특별한 산 혼합용액에만 녹을 뿐이다.

아랍어로 쓰인 연금술 서적을 많이 번역했던 스페인의 연금술사이자 철학자, 의사였던 아르날두스 빌라노바Arnaldus de Villanova, 1238~1311는 황금빛 태양을 특별하게 생각했고, 태양의 정기를 흡수한 포도를 발효시키면 얻어지는 황금빛 와인에 생명의 신비로운 성분이 들어 있다고 생각했다. 그래서 연금술사들은 발효로 와인을 만드는 법을 연구하였고 유럽의 수도원은 포도밭을 경작하고 직접 와인을 만들기도 했다.

탄산 성분이 들어있는 와인인 샴페인은 프랑스 샴파뉴 지역 수도원에서 처음 개발되었다. 이 지역은 전통적 와인은 만들기 나쁜 조건을 가지고 있었는데, 샴파뉴의 추운 겨울 날씨 때문에 포도 품종에 따라

병 속의 와인이 발효가 중단되었다가 날씨가 풀리면 재발효가 시작되어 탄산이 와인병을 깨뜨리고, 주변의 다른 병들까지 연쇄적으로 터져 애써 만든 와인을 모두 버리게 되는 일이 많았다. 베네딕토회 수도원장이었던 돔 페리뇽은 이를 해결하기 위해 벽이 두꺼운 튼튼한 유리병을 구하고, 철사로 뚜껑을 묶은 포장 방법을 고안한 후, 블라인드 테스트를 하여 포도 품종을 선별해서 지금의 샴페인을 만들어 냈다. 987년 휴 카페Hugh Capet, 940~996가 샹파뉴에 있는 랭스 대성당에서 프랑스 국왕으로 즉위하는 대관식을 치름으로써 이 지역 샴페인이 유명해졌고, 1800년대 후반, 수도원에서는 이 이야기를 각색하여 샴페인의 전설을 만들어 내 영국과 프랑스 귀족 대상으로 마케팅에 성공하였다. 샴페인을 만드는 대표적 회사인 모엣 샹동 본사 입구에는 돔 페리뇽이 술병을 들고 있는 동상이 있다. 지금은 샹파뉴 지역에서 만들어진 탄산 와인에만 샴페인이라는 이름을 붙일 수 있도록 상표를 등록하여 일 년에 약 2억 병의 샴페인이 제조되어 전 세계에 판매되고 있다.

황금빛 액체의 축복일까. 모엣 샹동은 샴페인 사업으로 큰돈을 벌었다. 루이뷔통, 크리스챤 디올, 지방시, 셀린느 등 75개의 명품 브랜드를 보유하고 프랑스 파리에 본부를 둔 다국적 그룹 LVMH는 루이뷔통, 모엣 샹동, 헤네시(Louis Vuitton, Moët & Chandon, Hennessy)의 첫 글자를 따서 이름 붙인 회사이다. 이 회사는 1971년 주류 회사였던 모엣 샹동과 헤네시 사가 합병하고, 1987년 루이뷔통 패션하우스까지 합병하여 이루어진 회사이다. 코로나-19로 전 세계 모든 기업의 매출이 줄어도 도리어 회사 매출이 늘었고, 2023년 2월에는 시가 총액 4000억 유로에 이르러 전통의 네슬레의 시가 총액을 앞지르기도 했다. 이는 테슬라나 삼성전자보다도 많은 것이니 단순히 사치품 열기에 편승한 회사라고 무시하기에는 규모가 매우 크다고 할 수 있다.

일식당에서 생선회나 초밥에 금박을 올려 주거나, 비싼 술에 금가루가 들어있는 것을 본 적 있을 것이다. 만약 같은 생선회라도 한 접시는 금가루를 얹어서 1만 원이고 다른 한 접시는 금가루 없이 5천 원이라면 어느 생선회 접시를 선택해야 할까? 금과 상관없이 신선하고 맛있는 회를 골라야 한다. 금을 먹으면 몸에도 좋을 것 같지만, 화학적으로 안정한 금은 소화기를 따라 몸에 들어가서는 특별히 해가 되거나 약이 되기가 쉽지 않다. 금박을 직접 먹으면 몸에 좋은 작용이 있다고 알려진 것은 없다. 금 화합물이 치료제로 일부 사용되고 있을 뿐 포유류에게 금은 필수 무기물이 아니다. 금의 유통이 자유로운 오늘날은 식용 금박이나 금가루를 100 mg씩 구입할 수 있는데 가격은 2~3만원 정도로 g당 단가로 환산하면 순금보다도 훨씬 비싸다. 갑자기 이집트 왕족의 사치스러움을 느껴 보고 싶은 특별한 날, 어쩌면 금박이나 금가루가 있는 생선회에 손이 갈 수도 있겠다. 그러나 몸에 좋은 효과는 없으며, 마케팅 관점에서 음식값을 훨씬 많이 올려받을 수 있고 제품의 상품성도 높이는 방법일 뿐이다.

금은 펼침성과 뽑힘성이 좋은 대표적 금속이다. 금을 음식 장식에 올릴 수 있는 것은 금박을 매우 얇게 펴서 만들 수 있기에 가능한 일이다. 금은 망치로 치면 얇은 금박이 되는데 이를 금속의 전성(펼침성 malleability)이라고 한다. 1 g의 금을 두드려 박막으로 펴면 0.55 m^2를 채울 수 있다. 금을 가느다란 실로 길게 뽑을 수도 있는데 1 g의 금으로 끊어지지 않게 실을 뽑아내면 약 3000 m 길이의 금실을 만들 수 있다.

금의 원소 기호 Au는 *aurum*(아우룸 혹은 오름)이라는 라틴어에서 나왔다. 유럽에서 원소 기호를 정할 때, 다양한 나라와 언어권에서 쓰이는 원소 이름이 다르니 라틴어를 이용했던 전통에 따른 것이다. 아우룸과 같은 어원을 갖는 또 다른 단어가 북극광aurora borealis을 뜻하는 오로라이다. 영어권에서 쓰는 gold라는 단어의 어원은 gehl이라는 9세기 고대 영어, geld라는 독일어에서 나왔는데 모두 노랗다는 뜻이다. 하지만 반짝이는 게 모두 금은 아니다. 바보의 금fool's gold으로도 불리는 황철광은 황과 철의 화합물로 금이 아니다. 하지만 보기에는 금처럼 보이고, 광물로 금이나 은과 섞여서 발견되기 때문에 그럴듯하게 보여 많은 사람이 혼동하였다. 하지만 두 물질의 색깔보다는 단단한 정도, 쪼개지는 방식 같은 것을 비교하면 초보자도 금과 황철광을 쉽게 구별할 수 있다. 금, 황, 철은 모두 다른 원소인데, 원자론이 없었다면 황철광을 금이라고 해도 할 말이 없을 수도 있다. 1920년대 진공관 라디오가 나오기 전까지 쓰였던 광석 라디오crystal radio의 전파를 수신하는 다이오드 결정을 규소, 저마늄, 황철광 등으로 만들어 사용하기도 하였다.

금은 안정한 금속이라 화합물보다는 순금 상태로 자연 상태에서 발견될 가능성이 높다. 그러나 산이나 강에서 금 조각을 주을 가능성은 매우 적은데 수천 년 동안 반짝거리는 자연의 금 조각은 우리 선조들이 다 집어가고 남아있지 않기 때문이다. 이제 지질학적 금은 다른 암석 사이에 작은 알갱이로 박혀 있는 금광석 형태로만 남아있다. 금광에서는 금광석을 채취하여 높은 온도로 녹이거나 처리해서 순수한 금을 뽑아내며 1톤, 즉 백만 g의 원석에 금이 10 g 정도 포함되어 있으면 매우 좋은 금광석으로 친다. 금이 포함된 광석을 NaCN 용액에 녹인 후 아연 분말을 추가하여 금가루를 가라앉히는 방식으로 금을 분리한다. 금 생산량은 수요와 공급, 가격에 따라 매년 조금씩 달라지지만 2007년 이래 금을 제일 많이 산출하는 나라는 중국이다. 세계금협회World Gold Council에 따르면 중국은 2020년 420톤의 금을 생산했고, 이는 세계 생산량의 14%에 해당한다. 20세기에는 남아프리카 공화국이 세계 최고의 금 생산국이었지만 지금은 사양 산업이 되었고, 미국과 소련도 금을 생산하던 시기가 있었지만 모두 경제성과 환경 문제를 이유로 사업을 접었다.

1849년에 미국 캘리포니아 하천에서 사금이 발견되자 30만 명 이상의 사람들이 이 지역으로 몰려가는 골드러시가 일어났는데, 그 사람들을 포티나이너forty-niner라고 부른다. 1849년에 온 사람들이라는 뜻이다. 캘리포니아주의 샌프란시스코를 연고지로 하는 미식축구팀 포티나이너도 여기서 유래한 것이다. 많은 사람이 몰려들었지만 실제로 금을 찾아 돈을 번 사람은 없고, 금을 찾는 도구나 마차, 천막, 옷 등을 팔거나 서비스를 제공한 사람들이 돈을 벌었다. 1853년 독일에서 캘리포니아로 이민한 레비 스트라우스는 사금을 찾아 산과 들을 헤매는 포티나이너들에게 천막용 데님으로 만든 튼튼한 바지를 팔아 성공하였다. 이후 1870년대에 금속 리벳을 박은 청바지를 만들어 200년 전 독일의 마덴부르그 반구 실험처럼 두 마리의 말로 청바지를 잡아당겨도 찢어지지 않는다는 광고로 유명해졌다. 그런 역사를 홍보에 활용하는 리바이스 청바지는 요즘도 샌프란시스코 포티나이너스 축구팀을 후원한다고 하니 골드러시로 만든 두 회사의 인연이 깊다.

21세기에는 1톤에서 금 340 g과 은 2 kg을 얻을 수 있는 새로운 종류의 금광이 발견되었다. 이 골드러시의 주인공은 폐휴대전화와 전자제품이다. 전자제품, 특히 전자 부품을 만들 때 여러 금속이 사용되기 때문인데, 쓰고 버리는 컴퓨터나 스마트폰에서 금, 은, 백금, 구리, 코발트 등 다양한 귀금속을 회수하는 것을 도심 채굴urban mining이라고 부른다. 200~300 g 정도인 휴대전화 한 대에서 0.05~0.1 g의 금을 회수할 수 있는데, 순금의 시세가 1 g에 80000원이라고 할 때 4000~8000원에 해당하는 양이다.

친환경적으로 전자제품에서 금을 뽑아내려면 비용이 많이 들어서 경제성이 떨어지지만, 전자제품을 통째로 불에 태워 금속을 남기는 간편한(?) 방법을 쓸 수도 있다. 하지만 전자제품의 플라스틱이 타면서 내놓는 유독 가스는 환경 문제가 되는데, 대기업에서는 자체 리사이클 시설을 운영하거나 재사용이 쉽게 제품을 설계하는 등 노력을 기울이고 있다. 환경규제가 약하고 인건비가 싼 나라에 폐휴대전화를 수출하고 그 지역에서 폐휴대전화를 태워 금속을 회수하는 것이 낫다고 생각하는 사업가도 있다. 마땅한 경제활동 방법이 없는 지역에서 폐가전제품을 조그만 손화로로 태워 푼돈을 버는 것은 큰 기술이 필요 없는 부업거리가 될 수도 있다.

2022년 세계 스마트폰 시장 규모는 11억 대가 넘는다. 휴대전화를 바꾸면 쓰던 휴대전화를 어떻게 처리하는가? 어쩌면 휴대전화나 전자제품을 유행에 따라 자주 바꾸지 않고 오래 쓰는 것이 가장 좋은 환경 보호가 아닐까 생각하게 된다.

금값의 역사

금의 적절한 가격은 어떻게 매겨질까? 물질 자체로 금은 훌륭한 성질을 가지고 있지만, 그 가격은 절대적이라기보다는 인간이 부여한 주관적이고 상대적인 것이라고 할 수 있다. 8세기 아랍은 소금과 금을 교환하는 무역을 하기 위해서 북아프리카까지 낙타를 이용한 무역로를 개척하고 소금 1 g과 금 1 g을 맞바꾸었다. 사막에서 물 한 컵과 금 한 덩어리, 소금 한 움큼의 가치를 비교한다면 월 스트리트나 백화점에서와는 다른 대답이 나올 것이다. 월급을 뜻하는 영어 단어 '샐러리salary'는 소금이라는 뜻하는 라틴어 *salarium*에서 유래했는데, 로마제국에서 월급을 소금으로 주었기 때문이라는 설이 있다.

지난 백 년간 금값의 변화를 보면 급히 올랐다가 떨어지는 불안정한 시기가 몇 번 있다. 1973년 중동 석유 위기 때 금값이 올랐는데, 산유국들이 원윳값을 조정하겠다고 해서 전 세계 경제가 얼어붙었을 때이다. 그 후 아프가니스탄 전쟁, 미국 금융위기, 허리케인 카트리나에 의한 미국 뉴올리언스 지역의 도심 파괴, 코로나-19, 우크라이나-러시아 전쟁 등 경제적 사회적 위기가 오면 금값이 오르는 것이 보통이다. 미국 달러가 전 세계 기축통화 역할을 하는데, 달러가 변동이 심해지거나 인플레이션으로 화폐의 가치가 떨어질지 모른다는 심리가 반영된 것이다. 그러다 정치, 경제적 상황이 안정되어 수익률이 높은 다른 자산이 나타나면 금값은 다시 떨어진다.

이런 변화에 배팅하여 돈을 버는 사람들도 있다. 타임머신을 타고 온 사람이 코로나-19 팬데믹이 시작되기 직전인 2019년에 금을 사서

2021년쯤에 팔았으면 1트로이온스당 1100불이던 것이 1900불이 되어, 70%의 이익을 보았을 것이다. 여기서 쓰인 트로이온스troy ounce라는 단위는 금과 은 같은 귀금속의 질량에 사용되며, 미국에서 쓰이는 무게 단위 온스와는 차이가 있다. 1 트로이온스는 31.103 g이다. 질량 단위로 1파운드가 16온스지만, 귀금속은 1트로이파운드가 12트로이온스이기도 하다.

트로이는 프랑스의 옛 도시 트로와Troyes 이름에서 온 것으로 추측되는데, 프랑스에서 쓰이던 귀금속 거래 단위를 16세기 영국 왕실이 그대로 받아들여 거래에 쓰기 시작한 것에서 유래하였다. 영국에서 쓰던 일반 무게 단위와 비율이나 변환 규칙이 안 맞지만 귀금속을 왕실이나 일부 귀족만 쓰는 만큼 일반인에게는 큰 혼란이 없을 것으로 생각하고 그냥 쓰던 것이 영국 왕실과 미국 의회에서 귀금속의 단위로 지정되어 지금까지 이어지고 있다.

잘 변하지 않으면서 쉽게 만들기 어려우면 화폐 역할을 할 수 있다. 기원전 31년 아우구스투스 황제는 아우레우스라는 금화를 공식 통화

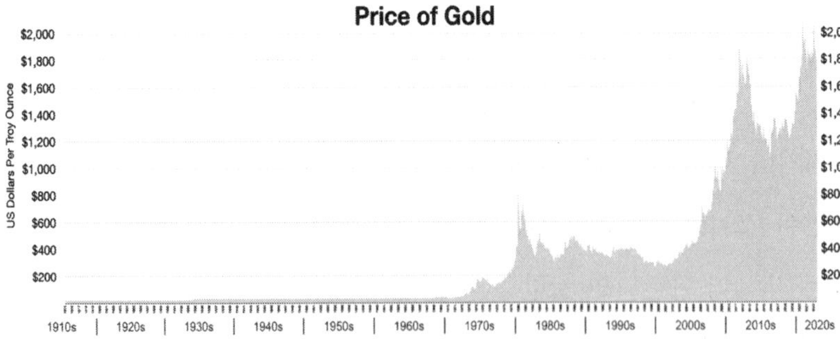

금의 시세 차트
출처: Wikimedia Commons

로 사용하였고, 1252년에는 이탈리아가 피렌체에서 주조한 플로린이라는 금화가 통용되기도 하였다. 그러나 금을 직접 화폐로 쓰기는 불편해서 지폐나 동전을 만들어 금과 교환이 가능하다고 약속한 태환 화폐가 등장하였다. 1816년 영국은 금본위제를 채택하고, 영국 파운드가 세계 화폐의 기준이 되었다. 금본위제는 정해진 비율로 언제든지 화폐와 금을 1:1로 교환해주는 제도이다. 그러나 1차 세계대전으로 모든 나라가 돈을 많이 찍어내면서 통화 가치는 추락하고 금본위제는 더 이상 유지할 수 없게 되었다. 그러자 1914년 영국은 금본위제를 포기하였다.

영국의 경제 패권을 물려받은 미국은 1944년 미국 뉴햄프셔주 브레턴우즈의 한 호텔에서 미국 달러 중심의 금본위제를 선언하였다. 이때 금 1트로이온스를 35달러로 정했다. 그러나 미국도 월남전으로 달러를 많이 발행하여 더 이상 금본위제를 유지할 수 없었다. 1960년대 미국의 무역적자가 커지고, 일부 국가들이 미국 달러를 금으로 바꾸어 달라고 요구해 왔지만 미국은 이를 들어줄 수가 없었기 때문이다. 결국 1971년 8월 미국은 금 태환을 정지한다고 선언했고, 이를 자메이카 수도 킹스턴에서 합의하여 시작하였다. 대신 1976년 IMF(국제통화기금)는 특별인출권SDR, special drawing right을 국제통화의 새로운 기준으로 결정하였고, 돈이 급한 나라에게는 이를 빌려주고 있다. 금으로 바꾸어 주지는 않지만 여전히 미국의 막강한 군사력과 정치력을 배경으로 미국 달러는 전 세계 기축통화로 유지되고 있다. 21세기 미국의 최대 수출품(?)은 100달러 지폐라는 말도 있다. 전 세계 심지어 지하 경제나 불법 경제에서도 달러를 유통 수단으로 사용하기 위해서 사가기 때문이다.

국제 기축통화가 미국 달러지만 국가의 자산 가치를 지키기 위해 금괴도 사놓는 것이 보통이다. 국가별 외환보유고와 금보유고는 인터넷 자료를 검색하면 금방 알 수 있는데 2010년과 2020년 국가별 중앙은행이 보유량은 미국, 독일, IMF, 이탈리아, 프랑스, 중국, 러시아, 스위스, …의 순위가 바뀌지 않고 유지되고 있다. 이들 열 나라는 적게는 1000톤 많게는 8000톤의 금을 가지고 있는데, 우리나라도 100톤 정도를 가지고 있다. 이 금괴는 한국은행 지하창고에 모여 있는 것은 아니고, 안전한 해외 금고에 분산되어 보관되어 있다.

대한민국은 1997년 12월 기업들의 부도와 외국 자본이 빠져나가 국내 미국 달러 보유액이 급감하자 IMF에 구제금융을 요청했고, 자금을 지원받는 대신 자본 시장 개방과 부실기업 구조조정 같은 요구사항을 실행하기로 양해각서를 체결하였다. IMF에서 195억 달러의 구제금융을 받고 대대적인 국가경제 구조조정을 하였지만 그 과정에서 피해를 본 개인과 가정, 기업도 많았다. 그때 시민들 사이에서 자발적으로 가지고 있던 금을 팔아 외국 빚을 갚자는 금모으기운동이 일어나 약 220톤의 금을 모았다. 단 반년 만에 현재 대한민국 금보유고의 두 배를 국민들이 내놓은 것이었다. 그 금이 다 어떻게 쓰였냐는 반성도 있지만, 예나 지금이나 대한민국 국민과 시민이 자랑스럽다.

다이아몬드

연금술사들이 원하는 많은 화학 반응이 있었다. 어떤 반응은 쉽게 또 어떤 반응은 어렵게 성공하였고 어떤 반응은 완전히 실패하였다. 미리 반응의 가능성을 알아볼 수는 없었을까? 연금술사들이 화학 반응식의 개념과 규칙을 알았다면 불가능한 반응을 시도하려고 평생 시간과 노력을 낭비하는 것을 피할 수 있었을 것이다. 납에서 금을 만들려던 연금술사의 연구계획서는 화학 반응식으로 단 한 줄로 줄일 수 있다.

$$Pb \rightarrow Au$$

반응물의 원자를 재배치하여 생성물을 만드는 것이 화학 반응이기 때문에 이 반응은 처음부터 불가능한 일이다. 그럼 흑연을 다이아몬드로 바꾸는 연구의 화학 반응식은 어떨까?

$$C\ (\text{고체}) \rightarrow C\ (\text{고체})$$

이 화학 반응식만 보면 일말의 가능성이 보인다. 물론 같은 고체 상태 탄소라고 해도 흑연과 다이아몬드는 그 물리적 성질이 확연하게 다르다. 두 물질은 원자는 바뀌지 않고 물리적 상만 다른 동소체라고 부른다. 흑연으로 인공 다이아몬드를 만들 수 있다면 천연 다이아몬드와 화학식과 고체 결정구조가 똑같은 다이아몬드를 인간이 만들어

내게 되는 것이다. 만약 인공 다이아몬드를 연마하고 커팅하여 전문가에게 보여준다면 다이아몬드라는 인증서를 받게 될 것이다. 한 가지 조심할 것은 인공 다이아몬드와 모조 다이아몬드(산화지르코늄 큐빅, 실리콘카바이드 모이사나이트, 산화티탄 합성루틸 등)를 혼동하면 안 된다는 점이다. 인공 다이아몬드는 흑연과 원자식이 같지만, 모조 다이아몬드는 그렇지 않다.

현대의 연금술사, 즉 화학자들은 납에서 금을 만들지 못한다는 것을 깨닫고, 흑연이나 탄화수소를 이용해서 다이아몬드를 만들어 내고 있다. 흑연과 다이아몬드의 화학식은 모두 C이므로 합성 방법은 얼음을 물로 바꾸는 것과 같은 개념이다. 1기압 300 K에서 얼음보다 물이 안정적이라는 것은, 그 조건에서 얼음이 물로 바뀔 가능성이 높다는 것이다. 온도와 압력에 따라 탄소 원자가 어떤 상태로 존재하는지를 알려주는 상전이표를 분석해 보면 온도 1000 K, 압력 14 GPa에서는 흑연보다 다이아몬드가 안정적이다. 따라서 흑연을 높은 압력과 높은 온도 조건에 놓아 다이아몬드로 바꿀 수 있다.

미국 제너럴 일렉트릭 사에서 1955년에 개발한 인공 다이아몬드 제조 방법은 흑연 분말에 2000℃의 고온과 10만 기압 이상을 가하는 것이다. 한 번에 큰 다이아몬드 덩어리를 만들 수 있지만 에너지가 많이 들고 품질이 균일하지 않은 덩어리라는 것이 단점이다. 두 번째 방법은 탄화수소 기체를 이용하여 다이아몬드 결정구조에 따라 탄소 원자를 쌓아 가는 방법이다. 메테인 같은 탄화수소 기체에 전압이나 플라스마를 가해서 탄소 원자로 분해하고, 진공실 안에서 탄소 원자들이 다이아몬드 결정으로 자라게 하는 방법이다. 이 방법은 탄소 원자를 조절해서 쌓아 가는 노하우가 중요하며, 성장 속도는 느리지만 품질이 균일한 다이아몬드를 얻을 가능성이 높다는 것이 장점이다.

인공 다이아몬드는 천연 다이아몬드와 화학적으로 같은데 인간이 값싼 재료를 이용하여 공업적으로 만들었다는 것만 차이가 있다. 인간이 다이아몬드를 만들어 낸다면 천연 다이아몬드 가격이 폭락하지 않을까? 자연 상태에서 큰 결정을 얻기 어려워 캐럿이 늘어날수록 천연 다이아몬드의 희소성은 나름 확보할 수 있겠지만, 앞으로는 원석이 천연인지 인공인지보다는 어떻게 가공하냐에 따라 예술적 가치를 따지는 커팅이 중요해질 수 있다. 보석으로 쓰일 수 있는 인공 다이아몬드의 가격은 천연 다이아몬드의 1/5~1/10 수준으로 거래되고 있고, 작은 결정이나 분말로 만들어진 인공 다이아몬드는 절삭 도구나 공업제품 표면 보호 코팅 등에 상대적으로 저렴하게 사용되고 있다.

인공 다이아몬드 합성 방법은 물질의 두 가지 변화를 잘 보여준다. 물질이 원자로 되어 있다면 화학 반응은 분자의 원자 배치와 구성이 바뀌는 것이라고 할 수 있다. 이때 분자의 화학 결합이 바뀌면 화학적 변화, 화학 결합이 바뀌지 않으면 물리적 변화라고 부른다. 얼음이 물이 되는 변화는 상당히 특징적인 변화지만, 얼음의 분자식과 물의 분자식은 H_2O로 같기 때문에 물리적 변화다. 탄소가 다이아몬드가 되는 경우도 물리적 변화다. 한 가지 다른 점이 있다면 얼음이 물이 되는 변화는 고체가 액체로 되는 것이지만, 흑연이 다이아몬드가 되는 변화는 탄소 고체의 결정구조가 변하는 물리적 변화라는 점이다. 이처럼 물질은 원자 배열이 달라 고체상이 여러 개 있는 물질이 많다.

그러나 메테인(메탄)이 산소와 반응하여 이산화 탄소와 물이 되는 반응은 화학적 변화이다. 이를 분자모형으로 그려보면 다음과 같다.

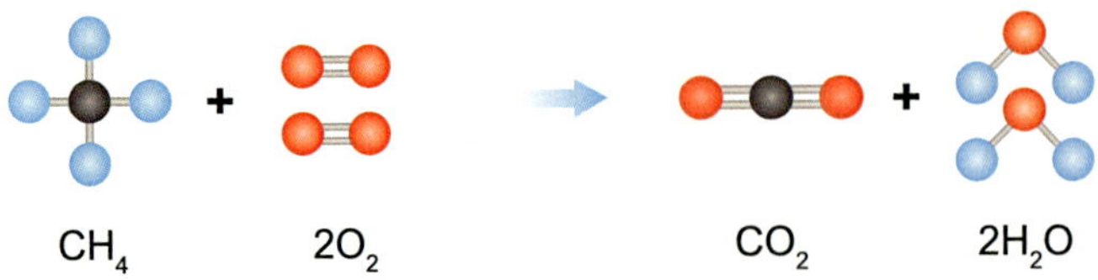

메테인의 연소

분자모형에서 검은색 공은 탄소, 하늘색 공은 수소, 빨간색 공은 산소를 나타낸다. 그림을 보면 화학 반응 전후로 원자의 종류와 개수가 변하지 않는 것을 알 수 있다. 화살표 왼쪽에 검은색 공이 하나 오른쪽에도 하나, 빨간색 공은 왼쪽에 네 개 오른쪽에도 네 개다. 화학 반응식의 균형을 맞추는 것은 다른 말로 표현하면 화학 반응 전후로 원자가 남거나 모자라지 않도록 하는 것과 같다.

화학 반응을 이해하려면 어떤 화학 결합이 더 튼튼하고 어떤 결합이 더 약한지도 알아야 한다. 단단한 결합과 약한 결합이란 그 결합을 끊을 때 얼마나 많은 에너지가 필요하냐는 것으로 결정된다. 화학 결합을 끊어내기 위해서는 항상 에너지가 필요하다. 반대로 이야기하면, 두 원자가 따로 있다가 안정된 화학 결합을 형성하면 항상 에너지가 방출된다. 화학 반응은 반응물의 어떤 결합은 끊어지고, 생성물의 어떤 결합이 만들어지면서 진행된다.

메테인의 C–H 결합의 에너지는 1몰당 약 100 kJ으로 알려져 있다. 메테인 하나에는 C–H 결합이 네 개 있으므로, 메테인 1몰에 400 kJ의 에너지를 집어넣으면 이 C–H 결합이 모두 끊어져 탄소 라디칼이 만들어진다. 이 탄소 라디칼의 순수 탄소로부터 다이아몬드의 합성을 시도해볼 수도 있다.

화학 결합

1946년 캘리포니아 주립대학 버클리 캠퍼스 화학과 실험실에서 독성이 높은 사이안화 수소(HCN) 실험을 진행하던 원로 화학과 교수가 실험실 바닥에서 의식을 잃은 채로 발견되어 병원으로 옮겨졌으나 사망하였다. 실험실에는 아몬드 향과 비슷하게 느껴지는 사이안 냄새가 풍기고 있었고, 부검 결과 사체에서 사이안이 발견되지 않았기에 그의 공식적 사인은 심장마비로 종결되었다. 그는 화학 결합, 산과 염기, 열역학, 광화학 등 초기 물리화학 분야에서 많은 업적을 내었음에도 41번이나 노벨 화학상 후보에 올랐을 뿐 결국 수상하지 못했던 비운의 화학자 길버트 루이스Gilbert Newton Lewis, 1875~1946였다. 특히 그의 제자 헤롤드 유리Harold Urey, 1893~1981가 중수소(수소의 동위 원소)를 발견하고 분리한 업적으로 1934년 노벨 화학상을 탔을 때도 루이스 교수는 공동 수상 가능성이 높았지만 결국 수상하지 못했다. 일각에서는 우울증 때문에 자살한 것이 아니냐는 의혹을 제시하는 사람들도 있다. 루이스가 만약 1954년까지 십 년만 더 살아 있었다면 (노벨상은 생존해 있는 사람에게만 수상한다) 라이너스 폴링Linus Pauling, 1901~1994이 화학 결합에 대한 업적으로 1954년 노벨화학상을 탔을 때 틀림없이 공동 수상했을 것이다.

비록 노벨상을 수상하지 못했지만 많은 고등학생들은 루이스의 이름을 그의 노벨상 수상을 방해했던 네른스트보다 더 많이 들어보았을 것이다. 화학 결합을 설명할 때 루이스의 이름이 붙은 전자 표시법을 배우기 때문이다. 루이스 전자점 표시 구조 또는 루이스 다이어그램은 분자 내 원자의 전자 구성을 나타내는 편리한 방법이다. 1916년 루이스에 의해 제안된 이 방식은 원자가 가지고 있는 전자를 원소 기호 주변에 점으로 둘러싸서 표시한다. 점의 수는 원자가 전자의 수에 해당하고, 그 숫자는 원자의 결합손이라고 부르기도 한다. 비활성 기체 원자의 전자 배치와 비슷하게 원자의 제일 밖 전자껍질에 8개의 전자가 배치되면 에너지적으로 안정하다. 이를 전자 배치에 대한 옥텟octet 규칙 혹은 팔전자 규칙이라고 부른다. 원자들은 이러한 옥텟 규칙을 얻는 방식으로 전자를 배치하여 결합하는 경향이 있다.

자연 상태에서 이미 원자가 껍질에 전자가 8개 있는 원소들은 비활성 기체라고 하는데 주기율표의 제일 오른쪽 세로줄을 차지하는 헬륨, 네온, 아르곤 등을 말한다. 비활성 기체는 영어로 noble gas라고도 부르는데 고귀한 기체라 다른 원소들과 반응성이 없다는 것을 빗대어 부르는 것이다. 결국 원자가 껍질에 8개의 전자가 있으면 더 이상 전자의 변화가 없어도 안정적이기 때문에 반응이 어려운 것이다.

화학 결합을 이루는 원자에 대해서 루이스 점 구조를 그려보면, 옥텟 규칙에 설명된 대로 원자가껍질(원자의 가장 바깥쪽 전자껍질. 원자'까'껍질이라고 발음한다)을 만들며 전자를 공유한다. 만약 두 원자 사이에 전자쌍이 존재하면 이를 직선으로 표시하고, 화학 결합이라고 부른다. 루이스 점 구조는 분자 내 전자 분포를 시각화하고 원자 사이에 형성될 수 있는 결합 유형을 예측하여, 분자 구조와 분자의 전자 분포를 예측하는 직관적 방법을 제공한다.

화학 결합은 원자 또는 이온을 분자나 결정으로 모아서 유지해 주는 힘을 말한다. 원자가 화학 결합을 통해 화합물을 만드는 것은 원자의 전자 분포와 전자 배치로 이해할 수 있다. 화학 결합의 종류와 세기는 녹는점과 끓는점, 용해도, 반응성 등 물질의 물리화학적 성질을 결정하는 중요한 요소이다. 화학 결합을 이용하면 물질의 특징을 설명하고 새로운 화합물이 만들어지는 것을 예상할 수 있다.

화학 결합에는 다음과 같이 몇 가지 유형이 있다.

- **이온 결합** 금속(예, 소듐)과 비금속(예, 염소) 사이에서 이루어지는 결합. 한 원자에서 다른 원자로 전자를 이동시켜 양이온과 음이온을 형성하여 전기적 인력으로 결합이 형성된다.
- **공유 결합** 비금속 원자 사이에 전자가 공유되어 이루어지는 결합. 공유하는 전자의 수가 늘어나면 결합의 세기도 강해진다.
- **금속 결합** 전자가 특정 원자에 결합되지 않고 대신 결정격자 전체를 자유롭게 이동하여 마치 '전자의 바다'를 형성하여 원자들을 결합하고 있다. 금속의 전기적 성질을 설명해주는 결합이다.
- **수소 결합** 질소나 산소와 같이 전기 음성도가 높은 원자에 공유결합된 수소 원자 사이에서 발생한다. 공유 결합에 비해 상대적으로 약하기 때문에 화학식으로 표시하는 경우는 드물지만, 여전히 화합물의 특성을 설명하는 데 중요한 역할을 한다.

이온 결합을 이루는 각 원자는 전자를 공유하거나 주고받아 옥텟 규칙을 만족시키면서 결합을 형성한다. 설렁탕을 먹을 때 빠지지 않는 NaCl은 이온 결합 물질이다. 주기율표의 왼쪽에 있는 소듐은 첫 번째 전자껍질에 2개, 두 번째 전자껍질에 8개, 세 번째 전자껍질에 1개의 전자를 가지고 있다. 주기율표의 오른쪽에 있는 염소는 첫 번째 전자껍질에 2개, 두 번째 전자껍질에 8개, 세 번째 전자껍질에 7개의 전자를 가지고 있다. 소듐은 한 개의 전자를 잃으면 양이온이 되지만 전자 배치는 옥텟 규칙을 만족하게 된다. 염소도 한 개의 전자를 받으면 음이온이 되지만 역시 옥텟 규칙을 만족하게 된다. 결국 Na 원자와 Cl 원자가 만나면 Cl 원자가 Na 원자의 전자 하나를 가져가면서 Na^+와 Cl^- 이온이 만들어지는 것으로 이해할 수 있고, 음전하와 양전하 사이에 발생하는 전기적 인력으로 강한 결합을 이룬다.

공유 결합은 이온 결합과 달리 두 원자 사이에서 전자쌍이 공유되면서 옥텟 규칙을 만족할 수 있는 경우이다. 가령 Cl_2는 두 염소 원자가 하나의 전자쌍을 공유하여 각 원자가 옥텟 규칙을 만족할 수 있다. Cl_2와 같이 공유된 전자쌍의 수가 1개이면 단일 공유 결합이 형성되었다고 말한다. 공유된 전자쌍의 수에 따라 이중 결합, 삼중 결합도 가능하다.

많은 업적을 내고도 동료들로부터 잘 어울리지 못했던 외로운 화학자 길버트 루이스는 미국 매사추세츠주 보스턴 근교인 웨이마우스에서 태어나 1899년 하버드 대학교에서 화학 박사 학위를 받고, 일 년 동안 독일에서 박사후 연구원 자격으로 연수하였다. 위키피디아에 따르면 루이스 교수가 이때 독일에서 만난 화학자 발터 네른스트Walther

Hermann Nernst, 1864~1941와 사이가 나빠져서 유럽 화학계의 영향력이 많이 작용했던 노벨 화학상 선정 위원회를 통과하기 힘들었을 것이라고 한다. 루이스는 1905년 MIT 화학과에서 교수가 되었지만 1912년 캘리포니아 대학 버클리 캠퍼스 화학과 교수로 부임하여 학장직을 맡고 버클리 캠퍼스 화학과를 세계적인 수준으로 발전시켰다. 지금도 캘리포니아 대학 버클리 캠퍼스 화학과 건물 중 하나는 루이스 홀로 불리고 있고, 그의 고향 매사추세츠주에는 그를 기념하기 위한 G. N. Lewis Way가 있다. 인생은 짧고 화학은 길다.

반응 속도

자동차 블랙박스가 널리 보급되기 전, 경찰이나 자동차 보험회사에서는 충돌사고 현장에서 자동차의 바퀴의 궤적, 특히 급정거 시 타이어가 바닥에 남기는 스키드마크의 방향과 길이를 보고 사고 현장을 추정하거나 재현하곤 했다. 보험 가입자들이 낸 보험료를 공정하게 피해자에게 보상해 주기 위해 보험회사 직원들이 수학과 물리학을 활용했던 것이다. 분자 충돌론은 화학 반응이 일어날 때 두 개의 반응물 분자가 서로 충분한 에너지를 가지고 제대로 충돌해야 반응이 일어난다는 이론이다. 반응 속도를 빠르게 해주는 촉매도 역시 접촉하고 충돌하면서 반응에 관여한다고 본다.

자동차의 충돌 사고가 일어나도 가벼운 접촉 사고는 피해가 거의 없어 경찰서나 보험회사에 가지 않고 쌍방 합의로 해결될 수 있는 것처럼, 분자끼리 충돌한다고 다 새로운 화학 결합이 만들어지는 것은 아니다. 반응이 일어날 정도의 충분한 에너지가 있고, 특정한 화학 결합에 충분한 에너지가 분배될 수 있어야 한다. 심지어는 충돌할 때 분자의 어느 쪽이 충돌하느냐가 중요할 때도 있다. 분자의 충돌에도 정면충돌이 있고 옆을 스치고 지나가는 충돌도 있는 것이다.

반응에 사용할 수 있는 반응물의 에너지는 무엇일까? 빛에너지를 흡수하는 경우도 있지만, 일반적인 화학 반응에서는 열에너지를 이용한다. 만약 메테인과 산소 분자에 반응을 일어나기에 충분한 에너지를 주고 싶다면 제일 쉬운 방법은 용기에 열을 가해주는 것이다. 내 앞에 밀봉된 유리관이 있는데 하나는 영하 10도, 하나는 1300도라고 표시되어 있다면 어느 유리관에서 반응이 빨리 일어날까? 온도라는 것은 뜨겁다 차갑다의 정도라고 할 수 있지만, 분자 관점에서는 평균 운동 에너지를 나타내는 값이다. 화학에서는 $\frac{3}{2}RT$를 계의 평균 운동 에너지라고 정의하는데 이때 T가 절대 온도, R은 기체 상수이다. 따라서 온도가 높으면 그만큼 분자들이 사용할 수 있는 에너지가 많은 것이다.

운동에너지가 높은 분자들은 매우 활발하게 움직인다. 질량이 m이고 속도가 v인 물체의 운동 에너지는 $\frac{1}{2}mv^2$로 정의된다. 즉, 같은 분자(질량이 같다)들끼리는 빠른 분자가 운동 에너지가 크며, 같은 속도라면 무거운 분자가 운동 에너지가 크다. 빨리 움직이는 총알이나 천천히 움직이는 볼링공은 느리게 움직이는 탁구공보다 운동 에너지가 크다.

눈에 보이지 않는 분자들의 실제 속도는 총알일까, 탁구공일까, 볼

링공일까? 분자 각각의 속도는 알기 어렵기 때문에 온도를 확인하여 평균 속도를 구한다. 예를 들어 중간고사 성적의 반 평균을 알았다면 몇 점이 몇 명인지 성적 분포를 알고 싶어진다. 시험 점수가 0점부터 100점까지 가능하다면 세로축을 점수, 가로축을 특정 점수를 받은 학생들의 숫자(아니면 전체 학생 중 그 점수를 받은 학생들의 비율)를 표시하여 성적 분포 그래프를 그릴 수 있다. 이런 성적 분포 그래프를 보면 대충 이 시험의 평균 점수를 가늠할 수 있다. 평형에 이른 분자들의 속도 분포는 이론적으로 잘 유도할 수 있는데, 그 결과를 맥스웰의 속도 분포라고 한다. 그 그래프를 보면 아주 느린 분자나 아주 빠른 분자의 비율은 모두 0에 가까워지고, 중간 어딘가에서 최댓값을 가진 속도 분포를 보인다. 분자의 속도 분포를 안다면 평균 속도 v^*를 계산할 수 있고, 평균 속도를 통해 평균 운동 에너지 $\frac{1}{2}mv^{*2}$을 계산할 수 있다. 이 값이 $\frac{3}{2}RT$와 같다고 할 수 있으므로, 절대 온도는 분자들의 평균 운동 에너지를 나타내는 지표가 되는 것이다.

이 관계식을 이용하여 분자의 평균 속도가 $\sqrt{(3RT/M)}$이라고 계산해 보면 300 K에서 분자량 28 amu인 질소 분자의 평균 속도는 515 m/s인 것을 알 수 있다. 공기 중에서 소리가 전달되는 것이 공기 분자들의 진동을 통해서 이동하는 것이라면 우리가 알고 있는 소리의 속도는 기체 분자들의 이동 속도를 넘어서지는 못할 것이다. 300 K에서 소리의 속도(음속)는 340 m/s로 알려져 있는데 공기를 구성하고 있는 질소 분자와 산소 분자의 평균 속도와 비교해 보는 것도 흥미롭다. 만약 공기를 모두 헬륨으로 바꾸면 같은 힘으로 공기를 진동시켜 소리를 내도 다르게 들릴지 모른다.

요리를 하든 화학 반응을 진행하든 계의 온도가 중요한 이유가 이제는 짐작된다. 온도가 높을수록 평균 운동 에너지, 평균 속도가 커져서 반응에 필요한 에너지를 풍부하게 쓸 수 있기 때문이다. 물론 반의 성적 평균이 높다고 0점짜리 학생이 없는 것이 아닌 것처럼, 온도가 높아도 꽤 느린 분자들이 존재한다. 이런 분자들은 충돌을 하더라도 반응을 일으킬 수 있는 에너지가 모자라다. 특정한 에너지보다 더 높은 분자들이 화학 반응을 일으킨다고 가정하면, 온도가 바뀌면서 속도 분포가 바뀌면 반응을 일으킬 수 있는 분자들의 비율이 달라지면서 반응 속도가 달라지게 된다. 자동차는 단위 시간당 몇 km를 움직이는지 측정하여 시속을 km/h로 속도를 알려준다. 속도는 [어떤 물리량의 변화량]/[시간 변화량]이다. 같은 방식으로 시간에 따라 반응물이나 생성물의 개수가 변하는 정도, 즉 분자의 개수 변화를 시간에 대해 측정하면 화학 반응 속도가 될 것이다. 그래서 화학 반응 속도는 [분자의 개수 변화]/[시간 변화] 혹은 [화합물의 농도 변화]/[시간 변화]로 정의할 수 있다. 다음과 같은 화학 반응이 있다고 해보자.

$$N_2 + 3H_2 \rightarrow 2NH_3$$

이 반응이 일어날 때의 반응 속도를 정의하면 아마도 1초에 질소 분자와 수소 분자가 몇 개씩 사라지는지, 혹은 암모니아 분자가 몇 개씩 만들어지는지 세어보는 것이 된다. 내가 영식이에게는 N_2의 개수가 시간에 대해서 어떻게 변하는지를 측정하라고 하고, 은섭이에게는 H_2의 개수를 이용하고, 민섭이에게는 NH_3를 이용하여 각각의 반응 속도를 재는 숙제를 내주었다고 하자. 아무리 세 사람이 성실하게 실험을 해도 반응 속도 결과는 같을 수가 없다. 1초에 N_2 분자가 몇 개 없어지는지를 측정하는 사람과 H_2 분자가 몇 개 없어지는지를 세는 사람은 다른 반응 속도를 느끼게 된다. 반응식 왼쪽의 화합물을 세는 영식이와 은섭이는 분자들이 줄어든다고 관찰할 것이다. 영식이의 측정 결과는, 반응이 진행되면서 N_2 분자의 개수는 줄어들었을 것이기 때문에 Δ(N_2 개수) = (나중 N_2 개수) − (처음 N_2 개수)가 되어 속도 Δ(N_2 개수)/Δt는 음수가 된다(일반적으로 Δ는 나중 값에서 처음 값을 뺀 변화량을 뜻한다). 은섭이가 측정한 반응 속도 역시 음수가 되겠지만, N_2 하나가 줄어들 때 H_2는 세 개가 줄어듦으로 그 절댓값은 더 클 것이다. 그러나 반응식 오른쪽의 화합물, 즉 NH_3를 세는 민섭이는 분자가 늘어났다고 관찰하여 속도는 양수가 된다.

이처럼 반응 속도를 측정하는 세 사람은 서로 다른 측정값을 얻게 되어 혼란스러울 것이다. 이런 불편함을 없애기 위해서 어떤 분자를 세더라도 같은 반응 속도를 얻을 수 있는 규칙을 정했다. 즉 특정 분자에 대해서 관찰된 반응 속도를 균형 맞춘 화학 반응식의 계수로 나누고, 반응식 왼쪽의 분자에 대해서는 − 부호를 붙여주는 것이다. 이렇게 되면 어떤 분자를 보고 반응 속도를 측정해도 같은 결과를 얻는다. 영화 〈범죄도시〉 시리즈에서 중고차 가게에서 단위가 만원인지 원인지 분명하지 않게 이야기했다가 3000원에 중고차 한 대를 팔고 사는 장면이 나온다. 그 장면이 주는 진짜 교훈은 "착하게 살자"가 아니라 "과학적으로 살자"가 아닐까. 나 혼자만 사는 세상이라면 측정 단위나 측정 방법이 통일되지 않는다고 해도 아무런 문제가 없지만, 화학의 모든 성과는 혼자서 완성할 수도 없고 동서고금의 화학자들이 함께 쌓아 올라가는 것이기에 이런 복잡하지만 일관된 정의가 필요한 것이다.

플로지스톤

스탠퍼드 대학 화학과 칼 제라시Carl Djerassi, 1923~-2015 교수와 코넬 대학교 화학과 로알드 호프만Roald Hoffmann, 1937~ 교수는 흥미진진한 희곡 『산소』를 집필하였다. 화학계에서 유명한 두 교수님의 공동 작품이니 김은희 작가와 김은숙 작가가 드라마 대본을 같이 쓴 정도의 작품이라고 할 수 있지 않을까. 화학자가 희곡을 쓴다면 원자 번호에 따라 제1막은 수소, 제2막은 헬륨, … 순으로 구성할 수 있을 것도 같은데, 제목이 『산소』라면 8번째 에피소드를 먼저 집필한 셈이다. 영화 〈스타워즈〉 시리즈도 제4편부터 시작했으니 꼭 순서대로 쓸 필요는 없지만 그럴만한 이유는 있었을 것이다.

연극의 내용은 노벨상이 없던 시대에 활동했던 화학자 중 한 명에게 '거꾸로 노벨 화학상'을 수여한다면 누구에게 어떤 업적으로 주어야 할 것인가 하는 상상에서 시작한다. 극적인 갈등과 긴장 요소, 게다가 혁명과 주인공의 비극적 죽음 같은 요소를 갖춘 사건이라면 역시 플로지스톤 이론과 산소의 발견만 한 것이 없다. 산소가 발견되고 산화 반응이 알려진 것은 화학계에 미친 영향이 매우 큰 중요한 과학사적 사건이면서, 그에 얽힌 사회 속 과학의 역할, 과학자의 책임, 과학적 발견이 과학자의 삶에 미치는 영향에까지 확장되기 때문이다. 그럼 산소를 발견하고 연소와 산화 반응을 새롭게 이해하게 된 업적의 주인공은 누구일까? 화학의 역사에 관심이 있는 사람이라면 여기서 라부아지에를 떠올렸을 수도 있겠다. 그렇다면 라부아지에는 최초로 산소를 분리해내고 발견한 사람일까, 아니면 플로지스톤 이론을 대체하며 산화 반응의 의미를 제대로 이해한 사람일까?

연극은 1777년 산소의 발견에 관련된 세 화학자 칼 빌헬름 셸레(스웨덴), 조지프 프리스틀리(영국), 앙투안 로랑 라부아지에 부부(프랑스)와 자기 나라 사람에게 노벨상이 수여되기를 바라는 노벨상 심사위원들 사이의 밀고 당기는 상황을 가정하여 전개된다. 우리가 알고 있는 화학 교과서에 담겨 있는 내용은 모든 세부 사항이 사라지고 한두 줄로 정리되어 버렸지만, 어떤 일이 일어났던 것인지 그들의 행적을 따라가는 것은 과연 흥미롭다.

점잖고 예의 바르며 상대방의 업적을 존중하며 칭찬하는 것이 과학자의 미덕으로 알고 있지만, 과학적 발견이나 관심 분야에서는 노벨상 수상을 위해서 은밀한 경쟁을 하는 경우가 많다. 노벨상 수상이 거의 확실시 되는 연구 결과나 엄청난 로열티가 걸린 특허를 얻을 수 있는 실험 결과를 선점하면 영예뿐 아니라 경제적 이익도 얻을 수 있기 때문에, 관련 인사들의 인간적인 측면이 드러나는 것이다. 뮤지컬과 영화로 잘 알려진 〈아마데우스〉에서 모차르트와 살리에르의 경쟁, 전기 공급 방식을 놓고 에디슨과 테슬라 사이에서 벌어진 암투는 잘 알려진 것이고, 이와 비슷한 일이 오늘날 과학계에서도 은밀히 일어나고 있다. 경쟁자보다 먼저 실험을 끝내려고 식음을 전폐하고 밤을 새우는 것은 늘 있는 일이고, 애꿎은 대학원생의 등을 떠밀기도 한다. 심지어는 욕심이 지나쳐 실험 데이터를 조작하는 학술적 범죄도 서슴지 않기도 한다. 경쟁자에게 시료나 데이터를 제공하지 않거나, 실험 노하우를 얻기 위해 스파이(?)를 보내거나 실험 인력을 스카우트하기도 하며, 심한 경우에는 남의 데이터를 보고 나도 비슷한 실험을 해서 원래 연구자의 이름을 빼고 먼저 결과를 발표하는 경우도 있다.

산소가 발견되기 전까지 화학자들은 플로지스톤phlogiston 이론을 오랫동안 믿어 왔다. 플로지스톤은 불이 잘 붙는다는 뜻의 그리스어를 따서 반 헬몬트가 이름 붙인 것으로, 발견되지 않은 가상의 물질이었다. 이 이론은 17세기와 18세기에 불이 타는 현상을 설명하기 위해 사용된 이론으로 연소가 일어나는 물리적·화학적 변화를 나름 설명할 수 있었다. 17세기 후반 독일의 화학자 게오르그 에른스트 스탈이 제안했으며, 이후 요한 베처와 조지프 프리스틀리 등 다른 과학자들에 의해 발전되었다. 플로지스톤 이론에 따르면 모든 가연성 물질에는 플로지스톤이라는 미세한 물질이 포함되어 있고, 물질이 연소할 때 플로지스톤이 방출되는 것으로 생각되었다. 어떨 때는 재의 무게가 늘어나는 것을 보고 플로지스톤은 물질에서 빠져나와 공기와 결합할 수 있는 음의 중량을 가진 물질로 여겼다. 이렇게 가정하면 플로지스톤이 빠져나가는데도 연소 후 물질의 무게가 늘어나는 것을 설명할 수 있고, 공기가 연소를 돕는 것처럼 보이는 이유를 설명할 수 있었다. 가령 숯을 가열하면 불이 붙는데, 재에 플로지스톤이 들어와 만들어지는 것이 숯이라고 생각한 것이다. 또 금속과 같은 물질에는 플로지스톤이 포화되어 있어서 불이 붙지 않는다고 생각했다. 숯과 금속회

calx를 섞어 가열하면 플로지스톤이 숯에서 금속회로 이동하고, 표면이 거칠던 금속회는 매끈매끈한 금속이 되고, 플로지스톤으로 포화된다고 본 것이다.

플로지스톤 이론은 18세기 후반에 이르러 틀렸다고 밝혀질 때까지 과학계에서 널리 받아들여졌다. 결국 사라졌지만 플로지스톤 이론은 화학 반응의 본질을 설명하려는 중요한 시도였으며 현대 화학의 발전에 중요한 역할을 한 측면이 있다. 플로지스톤 이론을 지지하는 과학자와 틀렸다고 생각하는 과학자들이 정밀한 실험을 통해 치열하게 서로 이론을 검증하는 과정에서 화학이 발전했기 때문이다.

칼 빌헬름 셸레

칼 빌헬름 셸레Carl Wilhelm Scheele, 1742~1786는 18세기 화학과 의학 분야에 큰 공헌을 한 스웨덴의 화학자였다. 포메라니아 (당시 스웨덴 지역) 출신으로 가난 때문에 정식 교육을 받지 못했지만 혼자 공부하여 새로운 원소를 많이 발견해 낸 연금술사이다. 그는 14살에 지역 약제사 견습생이 되어 현장에서 일하면서 연금술과 약학 분야에서 많은 업적을 내었다. 성인이 되어 스웨덴 중부의 쾨핑Köping에서 약국을 인수하고, 그의 재능을 알아본 지역 대학에서 제안한 교수직도 거절한 채 혼자 많은 원소(산소, 염소, 텅스텐 등)와 화합물을 최초로 분리해 밝혀 나갔다. 특히 뼈를 태워 인을 분리하고, 식물의 약효에 대한 실험을 수행하여 타르타르산과 글리세롤을 비롯한 중요한 약물

칼 빌헬름 셸레의 초상화

을 많이 발견했다.

그는 1777년 스웨덴 과학 저널 *Kongliga Vetenskaps Academiens Handlingar*에 "공기와 불에 관하여(Om Luft och Eld)"라는 제목의 중요한 논문을 발표했다. 이 논문은 공기와 연소에 대한 실험을 다루었는데 밀폐된 용기에서 다양한 물질을 가열하고 용기 내부의 공기 변화를 관찰한 방법을 사용했다. 그는 숯을 용기 속에서 가열하면, 용기 속 공기의 부피가 감소하였고 공기가 연소를 돕는 능력을 상실하게 만든다는 점에 주목했다. 반대로 질산염과 같은 물질은 공기의 부피를 증가시키고 연소를 지원할 수 있는 능력을 증가시켰다. 이 실험 결과를 이용하여 셸레는 공기가 단일 물질이 아니라 서로 다른 성질을 가진 여러 기체의 혼합물이라고 결론 내렸다. 그리고 연소는 가연성 물질과 그가 '불 공기(fire air)'라고 부르는 특정 성분이 결합하여 발생한다고 제안했다. 지금 시각으로 보면 셸레의 "불 공기"가 산소에 해당된다. 그는 여러 실험을 통해서 이 성분을 직접 만들어낼 수 있었으며 이 기체가 호흡에도 중요한 역할을 한다는 것을 입증하였다. 1771년 공기 중 주요 성분 두 가지를 분리해내는 실험을 성공하였고, 연소를 돕는 성분인 산소를 발견했지만 당시 교과서에 실릴 정도로 당연하게 받아들여지던 플로지스톤 이론으로 실험 결과를 설명하였다. 셸레는 프리스틀리보다 먼저 산소를 발견하고도 처음에는 산소의 중요성과 의미를 완전히 이해하지는 못했던 것으로 보인다.

1773년 셸레는 "공기와 불에 관하여" 논문을 책으로 정리해서 원고를 만들었지만, 감수를 많은 토르베른 베리만Tortbem Bergman, 1735~1785이 서문을 쓰는 데 4년이나 지체하여 1777년에야 출간할 수 있었다. 이 때문에 셸레는 산소를 분리해냈음에도 불구하고 공식 저술이 늦게 출간되어 산소 발견의 영예를 놓치고 말았다. 그의 연구는 기체의 특성과 연소의 본질에 관한 추가 연구의 토대를 마련했다.

많은 업적에도 불구하고 셸레는 평생 재정적으로 어려웠고 43세의 다소 이른 나이에 가난하게 세상을 떠났다. 과학에 대한 그의 공헌은 생전에 온당한 인정을 받지 못했지만 훗날 인정받아 현재 18세기의 가장 중요한 화학자 중 한 명으로 꼽히게 되었다. 안타까운 것은 당시 화학자들이 그랬던 것처럼 화합물을 손으로 만져 보고, 냄새를 맡고, 맛보며 실험한 결과로 신장병과 피부병으로 고생하다가 수은 중독으로 사망한 것이다. 셸레가 약사로 일했던 스웨덴 쾨핑에는 불운했던 이 천재 화학자를 기리는 동상이 서 있다. 셸레 탄생 150주년을 기념하기 위해 1924년에 스웨덴 조각가 칼 밀레스Carl Milles가 만든 이 동상은 셸레가 플라스크를 들여다보고 있는 모습을 묘사하고 있다. 그의 논문 "공기와 불에 관하여"는 현재 현대 화학 발전에 중요한 역사적 가치를 가진 것으로 인정되었다.

조지프 프리스틀리

조지프 프리스틀리Joseph Priestley, 1733~1804는 화학, 물리학, 신학 분야에 큰 공헌을 한 영국의 과학자이자 신학자, 철학자이다. 영국 요크셔에서 6남매의 막내로 태어나 교사와 설교자로 경력을 쌓았

엘런 샤플스, 〈조지프 프리스틀리의 초상화〉(1794)

지만 과학계에서는 산소, 이산화 질소, 일산화 탄소 등 여러 가스를 발견한 화학자로 더 잘 알려져 있다. 어려서 어머니를 여의고 외가댁, 고모님 댁을 옮겨가며 자랐는데 고모부가 영국 국교인 성공회를 믿지 않고 개신교 칼뱅교를 믿었던 것이 프리스틀리가 영국 비주류적 신앙과 사고방식을 가지게 되는 계기가 된 것으로 보인다. 프리스틀리는 일찍이 여러 분야에서 두각을 나타내었지만 영국 국교 교리를 인정하지 않는 개인적 신념과 고지식함 때문에 원하는 대학에 진학할 수는 없었다. 그는 실증적 연구를 강조하는 데븐트리 신학교에 진학하여 졸업 후 신부가 되었다. 그의 호기심과 연구는 분야를 가리지 않았는데 1766년 런던을 여행 중인 미국 과학자 벤저민 프랭클린을 만나 전기 현상에 대해 듣고 전기 연구에 관심을 가지게 되었고, 전기와 관련된 많은 실험을 하여 영국왕립협회 회원으로 추대되기도 하였다.

그러던 중 새로운 신앙을 받아들이면서 신부 지위를 버리고, 가족과 함께 1767년에는 영국 북부 리즈 지역 밀스 힐 교회의 목사로 부임하였다. 교회 옆에 양조장이 있었는데 새로 부임한 목사님은 이곳 맥주 발효 탱크에서 발생하는 거품에 흥미를 가지게 되었다. 당시 맥주 공장에서는 쥐가 살지 못한다는 것이 알려져 있었는데 공기보다 무거운 이산화 탄소가 공장 바닥에 쌓이면 쥐들이 질식해서 죽기 때문에 생긴 말로 보인다. 프리스틀리는 맥주 공장의 거품에 들어있는 기체를 수조를 이용하여 채취하고 유리병에 보관하는 법을 알아내어 무제한으로 기체 시료를 가져다가 여러 가지 실험을 진행할 수 있었다. 특히 이산화 탄소를 물에 녹여 탄산수를 만드는 마술같은 실험은 천연 탄산수를 비싼 값에 수입해서 마시던 영국 귀족사회에서는 획기적인 발견이었다. 지금도 편의점에 가면 일반 생수와 탄산수 한 병의 가격이 다르지만, 당시 유럽의 귀족들은 탄산수가 괴혈병을 막고 몸에 좋다면서 독일 피어몬트 지역에서 나오는 탄산수를 비싸게 수입해서 마셨기 때문이다.

프리스틀리가 이산화 탄소로 탄산수를 만들 수 있게 되자 그의 탄산수 제조 방법을 이용하여 사업을 하자는 주변의 권유가 많았다. 가난한 지역의 목사였지만 프리스틀리는 돈에 관심이 없다면서 맥주 거품에 있는 기체를 맹물에 녹여 탄산수 만드는 방법을 특허 없이 일반 공개하였다. 물론 돈을 벌지는 못했지만 이 일로 그의 이름은 더 알려지게 되었고, 영국왕립협회는 이 업적으로 프리스틀리에게 학회 대상을 수여하였다.

이산화 탄소 연구가 흥미로운 성과를 보이자 프리스틀리는 본격적으로 기체 연구에 매진하였다. 실험 장치는 기체 발생 장치, 수조, 유리병이 전부였지만 창의적인 실험 방법과 논리적인 해석으로 새로운 기체를 많이 발견하고, 그 성질을 밝혀내었다. 밀봉된 유리병 안에 식물과 쥐를 함께 넣어 두면 쥐가 금방 질식하지 않는 현상을 발견한 것도 프리스틀리이다. 당시에는 알려진 기체가 수소, 이산화 탄소(고정된 공기), 그리고 공기의 세 가지가 전부였는데 이 실험은 또 다른 공기 성분이 있다는 것을 암시하고 있었다. 나중에 프리스틀리는 녹색식물이 광합성을 통해 특별한 기체를 발생시킨다는 것을 실험으로 확인하였다. 1773 년 그의 학문적 재능을 눈여겨본 셸번의 페리 백작의 호의로 프리스틀리는 페리 백작의 개인 도서관 관리자 겸 가정교사가 되었다. 이제 프리스틀리는 가난에서 벗어나 안정적인 수입과 실험을 할 수 있는 여건이 갖추어진 것이다. 그로부터 7년간 프리스틀리는 많은 업적을 내었다. 산화 수은을 가열하여 산소를 발생시키고, 산소가 연소를 도울뿐더러 사람이 마시면 기분이 좋아진다는 것까지 알아내었다. 플로지스톤 이론을 철저하게 믿었던 프리스틀리는 산소 기체가 '플로지스톤 빠진 공기'라고 믿고 있었다. 그는 "여러 종류의 공기에 대한 실험과 관찰(Experiments and Observations on Different Kinds of Air)"이라는 제목의 논문과 책을 연달아 발표했는데, 여기에는 가스의 특성과 연소 및 호흡에서의 역할에 대한 실험이 자세히 설명되어 있었고 기체 연구는 유럽 과학의 중심 분야가 되었다.

1774년 가을 프리스틀리는 페리 백작을 수행하여 프랑스 여행을 가서 많은 프랑스 과학자들을 만났다. 프랑스 과학 아카데미도 프리스틀리의 연구를 인정하고 명예 회원으로 받아들인 후였다. 프리스틀리는 자신의 실험 방법과 결과들을 유창하게 설명하였는데 그 자리에는 비슷한 실험을 하고 있던 라부아지에도 있었다. 그 후 라부아지에는 프리스틀리에게서 들은 이야기와 자신의 실험 결과를 합쳐 자신만의 새로운 이론으로 '플로지스톤 없는 공기'에 '산을 만드는 물질'이라는 뜻의 산소라고 이름을 붙여, 이 기체에 대한 보고서를 프랑스 과학협회에 제출하였다. 이를 알게 된 프리스틀리는 자신의 연구 결과를 해석만 바꾸어 발표한 라부아지에의 보고서를 보고도 크게 노하지 않았다고 한다. 누구 공로가 되었던 자연에 존재하는 공기의 성분을 발견하였고, 그 발견이 인류에게 도움이 된다면 발견한 사람의 명예는 크게 중요하지 않게 본 프리스틀리의 인생관 때문이었을 것이다. 지금도 우수한 이공계 전공자들이 안정된 직장을 보장하는 쪽에만 몰리거나, 창업이나 로열티에 관심을 가지는 과학자들이 있다고 하지만, 학문적 명성이나 명예에 관심이 많은 과학자도 있다. 신학적 배경 때문인지 몰라도 소박하고 겸손했던 프리스틀리의 삶은 오늘을 사는 과학자들에게도 존경의 대상이 된다.

프리스틀리는 과학 연구 외에도 신학자이자 정치 평론가로 활동하면서 종교적 관용과 정치적 자유를 강력하게 지지했으며 당시 영국 귀족사회에서 부정적이었던 미국 독립전쟁과 프랑스 혁명을 긍정적으로 평가하였다. 18세기 영국에서 기독교의 부패를 지적하고, 미국과 프랑스의 시민혁명을 지지하니 많은 업적에도 불구하고 프리스틀리는 당대에는 논란의 중심이 될 수밖에 없었다. 프랑스 파리에서 바스티유 전투가 일어난 지 2년 후, 1791년 7월 14일 영국 버밍엄에 있는 그의 집과 실험실, 교회를 폭도들이 습격하는 사고가 일어나고 말았다. 집이 약탈당하고 실험실이 부서지고, 연구 노트가 불타는 사건이었다. 그는 자신의 신앙과 과학적 신념을 지키려면 영국을 떠나야 한다고 판단했다. 다행히 미국 과학자들은 정치적 망명자라고 할 수 있는 그를 따뜻하게 반겨 주었다. 미국에 온 1~2년 안에 부인과 막내아들이 세상을 떠났지만, 프리스틀리는 남은 생애를 미국 필라델피아에서 보내며 과학과 철학 연구를 계속했다. 그는 틀렸다는 쪽으로 기울어져 가는 플로지스톤 이론이 옳음을 입증하려는 실험에 몰두하였지만 결국 성공하지 못했다. 영국을 떠나 가족도 없이 홀로 지내던 노년은 개인적으로 별로 행복하지는 않고 쓸쓸했던 것으로 보인다.

프리스틀리는 미국 철학회의 회원이 되었으며 벤저민 프랭클린과 토머스 제퍼슨을 비롯한 미국 과학자들과 교류하며 멘토 역할을 했다. 이런 업적으로 인해 미국 화학 및 화학 산업 발전에 기여한 계몽주의 시대의 가장 중요한 사상가이자 과학자 중 한 명으로 평가받는다. 미국화학회(ACS)는 프리스틀리의 업적을 기리기 위해 1923년부터 화학 분야에 탁월한 공헌을 한 사람에게 그의 이름을 딴 학회 최고 영예인 프리스틀리 메달을 수여하고 있다. ACS가 영국에서 망명한 프리스틀리의 이름을 따서 학회에서 가장 권위 있는 상을 수여한다는 사실이 지금은 세계 과학 분야의 일등 국가인 미국도 개국 초기에는 당시 선진국이었던 영국과 유럽의 영향을 받을 수밖에 없었다는 것을 보여주는 사례라고도 할 수 있다.

앙투안 라부아지에

부유한 법률가의 아들로 태어난 앙투안 로랑 라부아지에 Antoine-Laurent Lavoisier, 1743 ~1794는 법률 공부를 하다가 화학으로 눈을 돌리게 되었다. 그는 프랑스 과학 아카데미 회원이 되려고 실험실을 만들고 당시로서는 비싼 최첨단 기체 실험 장치를 구입하여 연구에 매진하였다. 시내 운전만 하던 평범한 직장인이 F-1 경주에 꽂혀 직장도 바꾸고, 재산을 모두 경주용 자동차와 자동차 정비기구에 쏟아붓는 것에 비교할 수 있을까? 당시 유럽의 과학자들이 열심히 매달리던 기체 실험에는 수조, 부피를 재는 기구, 무게를 재는 저울 등과 여러 유리병과 유리관 등 고가의 장비가 필요하였다. 결국 라부아지에는 1768년 파리 과학 아카데미 심사위원들을 감탄시키는 많은 실험 결과를 보여 최연소 회원이 될 수 있었다. 하지만 1774년 영국의 프리스틀리의 연구 결과와 논문, 명성을 직접 간접으로 들으면서 39살의 젊은 라부아지에는 조바심을 낼 수밖에 없었다. 잘못하면 많은 재산을 투자하여 설치한 기체 실험 장치로 얻은 모든 결과가 프리스틀리의 공적으로 되돌아갈지 모르는 상황이었다. 지금 프랑스 파리의 예술 기예 박물관Musé des Arts et M−tiers에 가면 라부아지에의 실험실을 재현해 둔 것이 있는데, 당시 라부아지에가 사용했던 실험실의 규모를 수 있다. 고등학교 화학 실험실과 국립 연구소의 실험실을 비교하는 것처럼 지금 봐도 정교하고 고급스럽다는 느낌을 받는다. 라부아지에는 정부를 대신해서 세금을 걷고 그 수수료를 챙기는 세금징수조합에서 일했다. 회계사가 장부의 1원까지 틀리지 않도록 꼼꼼히 챙겼던 것처럼 프리스틀리의 실험을 재현하면서 '플로지스톤 빠진 공기'는 공기의 한 성분이고, 호흡을 통해 우리의 생명을 유지시켜 주고 있으며, 연소나 호흡을 통해서 '고정된 공기'로 바뀐다는 것을 알아내었다.

1774년 가을 파리를 방문한 프리스틀리를 여러 과학자와 함께 만난 자리에서 라부아지에는 프리스틀리가 놓치고 있는 것을 알아챘다. 프리스틀리는 플로지스톤 이론으로 모든 실험 결과를 해석하려고 하고 있었기 때문이다. DNA 결정 구조를 누가 먼저 밝혀내는가를 가지고 캘리포니아 공대의 라이너스 폴링 그룹과 경쟁하던 영국 캐번디시 연구소의 제임스 왓슨James Watson, 1928~과 프란시스 크릭Francis Crick, 1916~2004이 라이너스 폴링은 DNA 삼중나선 구조에 비중을 두고 결정구조를 해석하고 있다는 사실을 알고 쾌재를 불렀던 상황과 비슷하다. 라부아지에의 실험은 연소 및 기타 화학 반응이 실제로 물질과 산소의 결합을 수반한다는 것을 보여주었는데, 이는 플로지스톤 이론과 일치하지 않았기 때문이다. 라부아지에는 질산, 인산, 황산, 옥살산 등에 산소가 있음을 증명하고 스스로 '플로지스톤 빠진 공기' 혹은 '호흡에 좋은 공기'라는 이름 대신 '산성화시켜주는 성분' 즉 oxy를 generate하는 옥시젠(산소)이라는 이름을 제안하였다. 이 새로운 개념으로 라부아지에는 플로지스톤 이론과 정면 대결을 벌이기 시작했는데 영국과 프랑스의 자존심 대결, 원로와 신진 과학자의 대결 양상까지 벌어진 셈이다.

그 후 1789년 라부아지에는 『화학원소론 Traité Elémentaire de Chimie』(1789)을 출간하여 현대적 화학의 기초를 잡는다. 그는 분석이 도달할 수 있는 마지막 지점을 '원소'로 정의하고, 장차 새로운 분석 방법이 나타나면 우리가 원소라고 생각했던 물질이 새로운 원소의 화합물이나 혼합물이었음이 알려질 수 있다는 가능성을 열어 두었다. 그는 비싼 정밀 저울과 부피 측정기구를 사용하여 화학 반응물과 생성물의 양을 측정하였고, 그 결과 '물질 보존의 원리'를 추정할 수 있었다. 그는 "추론은 실험이라는 시험대를 거쳐야 하며, 실험과 관찰이라는 길을 통해서만 진리를 찾아가야 한다."고 하면서 실험과 관찰을 통한 사실 기반의 과학 활동의 중요성을 강조하였다.

하지만 그의 삶도 역사의 수레바퀴 앞에서 순탄할 수는 없었다. 『화학원소론』이 출판된 1789년 프랑스는 다양한 사회적 불만이 쌓여 폭발 직전에 있었다. 백 년에 걸친 여러 전쟁을 겪으면서 프랑스 왕실의 재정 위기는 심각해졌고, 성직자와 귀족, 평민으로 신분이 나뉜 프랑스에서 토지의 40%를 인구의 3%인 성직자와 귀족이 소유하면서,

세금은 사회적 경제적 능력이 있는 평민들과 농민들에게만 부담되고 있었다. 신분제에 대한 불만과 곡물 가격의 급격한 변동이 계속되는 경제 위기 속에서 귀족들은 삼부회의(성직자, 귀족, 평민)를 소집하여 세금을 더 걷을 생각만 하고 있었다. 1789년 5월 베르사유 궁전에서 삼부회의가 개최되었지만 계몽사상으로 무장한 신흥 전문직 계층과 평민들은 더 많은 투표권을 요구하고 대립하여 결국 무산되고 말았다. 평민들은 밖으로 나가 국민의회를 결성하여 맞섰다. 성직자와 귀족에 대한 갈등이 심화되어 위협을 느낀 평민들은 네 번째 계급이라고 할 수 있는 상퀼로트 계급과 힘을 합쳐 1789년 7월 14일 바스티유 감옥을 습격하였고 결국 1792년 제1공화정이 시작되면서 프랑스 대혁명이 시작된 것이다. 상퀼로트Sans-culotte는 '퀼로트를 입지 않은 사람'이라는 의미로 프랑스 혁명의 추진력이 된 사회 계층이다. 주로 수공업자, 장인, 소상인, 근로자 등 무산 시민으로 귀족들과 달리 퀼로트를 입지 않았고 당시 파리에서는 빈곤층에 속했으며 급진적인 혁명을 추구한 민중을 지칭하는 말로 사용되기도 한다.

국외로 망명하려다 붙잡힌 루이 16세와 마리 앙투아네트 왕비가 국민들의 신임을 잃고 1793년 단두대에서 처형되면서 프랑스는 군주제를 폐지하고 공화국을 확고히 하게 된다. 하지만 프랑스 국왕이 사형당한 것을 군주제에 대한 도전으로 받아들인 주변 국가들이 프랑스를 공격하고 국내 급진파와 온건파 정치인들의 갈등이 계속되면서 프랑스는 혼란을 겪게 된다. 전쟁과 공포정치로 프랑스는 피로 물들었고 나폴레옹이 등장하기 전까지 혁명과 반동이 지속됐다. 결국 왕을 몰아내기 위해 시작한 혁명이 나폴레옹 황제를 세우고 끝났다는 것은 역사의 아이러니이다.

라부아지에는 프랑스 혁명의 와중에도 세금징수원으로의 임무를 충실하게 수행했고, 파리시와 정부의 일에도 자문으로 혹은 직접 관여하였다. 1775년 프랑스 정부 화약국의 이사로 임명되어 화학의 질을 크게 개선하였다. 화약국 병기창 실험실에서 많은 실험을 진행할 수 있었으며, 이때 라부아지에의 실험 조수를 하며 화약 만드는 법을 배운 엘레테르 아이린 듀퐁은 프랑스 혁명이 일어나자 재빨리 미국에 이민하여 영국과 독립전쟁 중이던 미국에 안정적으로 화약을 공급하여 큰돈을 벌었고, 세계 최대 다국적 화학회사인 듀퐁 그룹의 창업주가 되었다. 라부아지에도 프랑스 혁명을 피해 조수 듀퐁과 함께 미국으로 갔더라면 어땠을까? 혼란에 빠진 조국에 남았던 라부아지에는 파리시의 외곽에 담장을 건설하여 시민들의 암시장 거래를 막아 탈세를 막으려고 하였으며, 가로등 개선, 상하수도 관리, 미터법 제정 등에도 관여하였다.

그러나 공포정치가 시작되자 공포정치 주요 인물 장 폴 마라Jean-Paul Marat, 1743~1793와의 악연을 피하지 못했다. 장 폴 마라는 라부아지에와 동갑인 의사이자 아마추어 과학자였다. 그도 프랑스 과학 아카데미에 가입하고 싶어 했지만 먼저 가입해 있던 라부아지에는 동물 자기에 관한 마라의 연구 결과가 비과학적이라고 보고 그를 입회 심사에서 탈락시켰고 마라도 그 사실을 알고 있었던 것이다. 비록 라부아지에가 세금징수 활동을 하고 정부 일에 참여했으나, 공개적으로 자유주의와 혁명 정신을 지지했음에도 불구하고 마라의 고발로 구속되어 다른 세금징수원들과 함께 재판을 받게 되었다. 라부아지에는 혁명 정신을 지지하며 과학 연구에 전념하겠다고 선처를 호소했으나 꼬피나르 판사는 "공화국은 과학자를 필요로 하지 않는다. 법과 정의의 집행을 미룰 수 없다."는 말과 함께 사형을 선고했다. 세금 조합원을 했던 장인과 함께 사형 선고를 받은 라부아지에는 1794년 5월 8일 파리 콩코르두 광장 단두대에서 처형되었다. 라부아지에의 부인 마리안느 피에레트 폴즈는 남편을 살리기 위해서 백방으로 수소문하고, 동료 과학자들에게도 도움을 요청했지만, 서슬 퍼런 혁명 정부 아래서 아무도 적극적으로 도움을 주지 않았고, 줄 수도 없었다. 라부아지에의 사형을 멀리서 지켜보았던 수학자이자 천문학자인 조제프 루이 라그랑주는 "그의 머리를 자르는 것은 한순간이지만, 그의 머리가 우리에게 오는 데는 백 년도 더 걸릴 것이다"라는 독백을 남겼다고 한다.

장 폴 마라는 라부아지에의 사형 소식에 만족했을까? 라부아지에를 고발했던 공포정치의 지도자는 라부아지에보다 일 년 먼저 암살되었다. 샬롯 코데이라는 젊은 여성이 프랑스 혁명을 폭력과 급진적으로 만든 책임이 마라에게 있다고 보고 그를 암살한 것이다. 이미 그녀의 가족도 모두 처형당한 터에 그녀는 마라를 암살하면 폭력적인 유혈 사태가 종식되고 자신과 같은 피해자가 없이 프랑스의 사회 질서를 회복할 수 있다고 믿었다. 혁명과 사형이 집행되던 공포정치 와중에 최고 지도자가 자기 집 욕실에서 가녀린 젊은 여성의 칼에 찔려 죽은 이 사건은 당시 너무 충격적이어서 많은 예술가의 작품으로 기록되어 남아 있다. 라부아지에 부부의 초상화를 그려주고 부인에게 그림을 가르쳐 주었던 자크 루이 다비드는 마라의 죽음을 안타까워하며 미켈란젤로의 피에타와 같은 구도로 마라의 죽음을 그렸다. 보수적인 왕정주의자 출신이면서 프랑스 대혁명의 온건하고 자유주의적인 요소에 동조했던 샬롯 코데이는 신앙이 깊었던 터라 자신의 행동이 신의 승인을 받았다고 믿었고 살해 직후 그 자리에서 당당하게 체포되었으며 "나는 십만 명을 구하기 위해 한 사람을 죽였다."고 말했다고 한다. 폴 자크 에메 보드리가 그린 마라의 암살(L'Assassinat de Marat / Charlotte Corday)에서는 당당한 샬롯 코데이의 모습이 그려지고 있어 좋은 목적을 위한 정당한 폭력에 대한 해석이 시대가 흐를수록 조금씩 차이가 생긴다는 것을 알 수 있다.

1789년부터 십 년을 '프랑스 혁명의 처음 10년' 기간이라고 하고 라부아지에도 이때 사형당했다. 그러나 십 년 만에 프랑스 왕정이 공화정 체제로 바뀐 것은 아니다. 프랑스 혁명은 그 후 약 100년 동안 지속적으로 발생한 여러 혁명과 반동을 모두 말하는 집합명사이다. 이 당시 프랑스의 사회상을 잘 보여주는 작품이 빅토르 위고의 『레미제라블』이다. 전체 소설은 당시 프랑스 사회를 기록으로 남기려는 의도로 집필된 측면이 있기에 너무 두꺼워, 소설의 일부를 각색한 뮤지컬이나 영화로 접한 사람이 많을 것이다. '비참한 사람들'이라는 뜻의 '레미제라블'의 모습을 영화나 뮤지컬에서는 단편적으로 재현하고 있다.

작품의 주인공 장발장이 19년의 수감생활을 마치고 가석방된 것은 1815년, 즉 라부아지에가 사형당한 프랑스 대혁명 처음 10년 이후의 이야기를 담고 있다. 1815년 나폴레옹이 워털루 전투에서 패해 프랑스의 정세는 최악으로 치닫고 있었다. 영화 후반부는 실제로 있었던 리마르크 장관의 죽음을 계기로 한 1832년 6월 항쟁을 배경으로 한다. 역사적으로 1832년 6월 항쟁은 학생, 노숙자, 노동자를 주축으로 일어난 혁명 운동이지만 많은 사상자를 남긴 채 실패로 돌아간 사건으로 영화나 뮤지컬에서도 대학생들이 많이 사살되는 장면이 나온다. 이후에도 프랑스는 민주공화국으로 정착되기까지 홍역을 몇 차례 더 앓게 된다. 그럼에도 인류가 프랑스 혁명을 위대한 혁명으로 손꼽는 이유는 시작이 어떻든 평민과 '레미제라블'이 직접 시민의 자유를 쟁취해 내었기 때문이다.

위대한 조연, 마리안느 폴즈

산소를 둘러싼 세 화학자의 일생을 다룬 연극에는 주연 같은 조연이 따로 있다. 라부아지에의 업적은 그의 부인 마리안느 피에레트 폴즈가 없었다면 프랑스 혁명의 와중에 다 사라져 버렸을 수도 있었기 때문이다. 마리안느 폴즈는 세금 징수 조합을 운영하던 자크 폴즈의 딸로 태어났다. 당시 루이 16세는 세무서를 아웃소싱하여 민간 기업이 평민들로부터 세금을 징수한 후 수수료를 떼고 정부에 세금을 납부하게 하였다. 이 일을 맡은 세금 징수 조합은 대개 부자들이 만들었고, 징수 수수료로 부유한 생활을 하는 프랑스 귀족층이 많았다. 마리안느 폴즈가 14살이 되던 해, 50대의 가난한 귀족이 마리안느 폴즈 집안의 재산을 보고 청혼하였다. 마리안느 폴즈는 이를 거부하고 당시 조합원으로 있던 28살의 라부아지에와 결혼한다. 결혼 후 어린 신부 마리안느 폴즈는 남편의 연구에 흥미를 느끼고 남편을 돕기 위해 노력한다. 가사 일을 전담하며 남편의 단순한 일을 돕는 조수 정도가 아니라 스스로 독일어와 영어를 배워 외국 화학 논문을 읽고 번역하여 남편에게 주었고, 남편의 업적을 영어와 라틴어로 번역하여 유럽에 배포하였다. 화가 자크 루이 다비드에게 그림과 판화를 배워 남편의 논문과 책에 세밀한 삽화를 그려주기도 하였다. 1788년 다비드가 그린 부부의 초상화를 보면 서로 돕고 신뢰하는 과학자 부부의 모습이 느껴지는데 실험대 근처의 기체 실험 장치와 유리 플라스크가 있고, 떨어진 곳에 마리안느의 것으로 보이는 화첩이 있다. 실제로 마리안느가 그린 판화나 그림들은 매우 정교하고 완성도가 높아 실험을 재현하거나 실험 방법을 배우는 데 큰 도움이 되었다고 한다.

자크 루이 다비드, 〈앙투안 로랑 라부아지에와 부인의 초상〉(1788)

행복했던 부부의 공동 작업 기간은 오래가지 못했고, 남편 라부아지에가 1794년 5월 아버지 자크 폴즈와 함께 50살에 사형당하니 그때 마리안느의 나이가 36살이었다. 라부아지에 부부와 가족의 모든 재산과 라부아지에의 실험실은 혁명 정부에 압류당했고, 마리안느도 바스티유 감옥에 투옥되었다가 두 달 만에 풀려났다. 마리안느 폴즈는 공포정치에 겁먹고 남편 구명 운동을 소극적이던 당시 프랑스 과학 아카데미의 일부 과학자들과 지인들에 대해서 인간적인 서운함을 느끼고 평생 의절했다고 한다. 모든 것을 잃고 갈 곳 없던 마리안느는 옛날 자기 집에 하인으로 있던 사람의 집에 머물면서 남편의 억울함을 호소하여 복권을 시도하였다. 사회 분위기가 달라지면서 마리안느는 라부아지에의 실험 자료, 연구노트, 실험 도구들을 조금씩 회수하였고 결국 라부아지에는 혐의를 모두 벗어 압류당했던 도서관과 사유지 일부도 돌려받았다. 그 이후 그녀는 남편의 업적을 모아 다시 출판하였고, 평생을 남편의 유품을 정리하고 업적을 알리는 데 바치다가 78세에 사망하였다. 마리안느 폴즈는 남편의 연구 노트와 실험 장비들을 거의 다 찾아 회수하였는데 아마 그녀가 없었다면 라부아지에가 현대 화학의 아버지로 인정받지 못했을지도 모른다.

기록의 중요성

공부나 일로 스트레스가 쌓일 때, 다이어리나 일기장을 예쁘게 쓰면서 기분 전환을 하는 경우가 있다. 『조선왕조실록』이 유네스코 세계문화유산으로 지정되는 데 가장 높게 평가받은 부분이 실록의 내용을 왕이 열람할 수 없다는 것과 정말 소소한 내용까지 사실 그대로 꾸준히 기록했다는 것이다. 경영 컨설팅 분야에는 기록을 남기지 않는 회사 중에 성공한 회사가 없다는 말이 있다. 그래서 컨설팅의 첫 번째는 회사의 업무와 활동 기록을 적어 나가게 하는 것이다. 여러분의 삶이 엉킨 실타래처럼 보이는가? 규칙적으로 삶을 기록하고 이를 들춰보면서 새로운 문제를 해결해 볼 것을 권한다. 인터넷에 검색하면 다 있다고 생각할지 모르지만, 이 세상에 나의 인생은 하나밖에 없고, 문제점과 해결 방안도 나만의 독특한 것이기에 인터넷과 인공지능 못지않게 나의 기록이 도움이 된다.

기록이 중요한 것은 화학도 마찬가지이다. 연금술을 과학이라고 하기 어려운 가장 큰 요소는 객관성과 재현성이 부족한 기록 방법 때문이었기 때문이다. 천기누설을 걱정하여 상징과 비유를 써서 기록하고, 신비한 연금술의 지식을 일반인과 나눌 수 없다는 선민의식도 작용했을 것이다. 실험 방법과 결과를 암호와 상징적 그림으로 기록한 연금술사의 실험 노트는 사실 개인 메모에 더 가깝다고 할 수 있다. 컬러펜과 스티커로 예쁘게 꾸민 시스템 다이어리는 보는 사람에게도 감탄을 자아내게 하지만, 내용을 기록하는 본질적 의미를 넘어서는 아름다운 치장은 불필요할 뿐이다. 물론 본인은 잘 알 수 있을지 모르지만 암호나 상징을 써서 기록된 연금술의 실험 방법과 결과는 주관적일 수밖에 없고, 그런 연금술은 과학보다는 장인의 특별한 기예에 가까운 성격을 띤다. 회계 장부나 실험 노트를 일기장이나 다이어리처럼 써서는 안 된다. 객관적인 기록은 있는 그대로 쓴다는 것이 가장 중요하다.

실험 노트는 왜 적는가? 실험 노트에 써있는 내용대로 실험을 다시 했을 때 같은 결과가 나올 수 있도록 하는 것이다. 실험 노트를 객관적으로 적지 않아 실험 결과를 스스로도 재현할 수가 없다면? 한 번은 성공했을지도 모르지만, 애써 실험한 그 결과는 아무런 의미가 없는 것이다. 게다가 실험에는 성공보다 실패가 더 많은 법, 같은 실패를 반복하지 않도록 한다는 점에서도 꼭 필요한 일이다. 다른 실험자가 내가 얻은 결과를 나 없이도 재현할 수 있고, 내가 했던 실수를 반복하지 않도록 돕는다는 점에서는 실험 노트는 의미가 있다. 따라서 과학적 연구를 성공적으로 진행하는 데 실험 노트 작성이 가장 기본적이고 중요하다는 것에는 반론의 여지가 없다. 가령 한 시간에 끝나는 실험이 아니라, 십 년이 걸리는 연구라고 생각해보자. 새로 합류한 연구원은 매번 그때까지 진행된 실험을 다시 반복해야 할까? 그럴 필요 없이 선배 연구자의 실험 노트를 보고 이어서 연구를 하면 된다. 그래서 실험 노트는 성공한 결과만 깨끗하고 예쁘게 정리해 놓는 것이 아니라, 실험 과정과 얻은 결과를 가능한 자세하게 기록하고 실패한 과정도 적는 것이 원칙이다. 실험 노트 작성이 잘못되면 아무리 애써서 실험한 결과라도 의미가 없게 되는 수가 있으니 실험이 좀 늦어지더라도 실험 노트를 제대로 정리하며 진행하는 습관을 가지는 것이 필요하다.

실험 노트에는 모든 것을 다 적는다. 날씨와 기압, 실험 관련 아이디어, 실험 결과, 실험과정이나 결과 해석에 사용한 계산과정, 관찰사항, 실험실에서 진행된 모든 일의 세부사항을 적는다. 매번 날씨와 환경이 다르고, 같은 이름의 시약도 제조 회사의 공장부터 담겨 있는 그릇까지 다 다르며, 저울이나 분광기 같은 실험 기구도 모델은 같더라도 일련번호는 다르기 때문이다. 이런 자잘한 사항까지 실험 노트에 최대한 남길 수 있으면 혹시 실험 결과를 이용하여 특허를 신청하거나 법적 다툼이 있을 때 중요한 증거 자료가 되기도 한다. 새로운 발견이나 실험 결과가 논란이 되면 실험 노트만 공개하면 모든 논란이 잠재워지는 것이 보통이다.

과학자의 위인전에는 식사 중에 생각난 중요한 아이디어를 식탁 위 냅킨에 메모했는데 나중에 그 아이디어로 노벨상을 탔다는 이야기도 있다. 물론 소송이 일어났을 때 법원에서 메모지의 낙서가 특허나 학술지의 실험 자료로 인정받을 수 있을지는 의문이다. 학술적으로 누가 먼저인가 선의의 경쟁을 하거나, 혹은 큰 로열티가 걸린 특허 분쟁 등이 일어난 경우 연구 노트는 핵심 증거가 될 수 있지만 갈겨 쓴 냅킨 조각이나 증인의 서명과 날짜가 없는 실험 노트는 무용지물이 된다. 여러분이 입장을 바꿔 지적 재산권 분쟁을 맡은 판사라면 어떻게 작성된 실험 노트를 증거 자료로 채택하겠는지 생각해 보자. 그래서 연구와 개발을 중요하게 생각하는 회사는 연구원들의 실험 노트를 가장 큰 자산으로 생각하고, 은퇴한 연구원의 옛 실험 노트까지 모두 모아서 번호를 매겨서 소화장치가 잘 된 자료창고에 넣어 두고, 그 내용을 스캔하거나 사진 찍어 보관하고 있다. 몇 년이 지난 후 다시 특정한 화합물이나 화학 반응에 대해 알고 싶을 때, 다시 같은 연구를 반복하지 않고 연구 결과와 법적 증거를 확보하기 위해서다. 어떤 때는 몇 년 묵은 실험 결과에서 새로운 히트 상품이나 전략 물질이 탄생하는 경우도 많다.

1995년 미국의 제약회사인 애보트 연구소와 카이론의 AIDS HIV 바이러스 검출방법 특허 소송에서는 한발 빨리 발명한 것으로 보이는 애보트 연구소가 연구 노트를 제시하지 못해 특허권 소송에서 질 수밖에 없었다. 우리나라에서는 이런 기술적이고 복잡한 분쟁을 피하고자, 특허를 먼저 출원한 사람에게 무조건 권리를 인정해 주고 있다. 이를 선출원주의라고 하는데, 이와는 달리 미국 같은 경우는 먼저 발명한 사람, 즉 선발명주의로 특허를 인정해 주기 때문에 실험 노트의 가치가 더 크다. 가령 미국에서는 회사나 개인의 연구 결과를 빌려주거나 파는 경우도 있다. 이럴때 꼭 확인하고 요구하는 것이 연구자의 실험 노트이다.

대학 1학년 화학실험 수업의 첫 시간은 항상 실험 노트 적는 법을 가르치는 것으로 시작한다. (실험복과 보안경에 대한 설명이 이어질 것이다.) 실험 노트는 제본된 것을 사용해야 하고, 최근에는 컴퓨터나 태블릿에 입력하면 그 내용이 입력 시간과 함께 서버에 저장되는 방식도 있다. 종이 다이어리의 시대는 저물어 갈지 몰라도 나는 개인적으로 실험 노트는 종이로 된 노트를 펼쳐 펜으로 쓰고 여기저기에 계산이나 낙서까지 할 수 있는 방식을 더 선호한다. 아날로그 방식이 장기 저장에 어렵다고 생각한다면 실험 노트를 쓰되, 며칠에 한 번씩 휴대전화 사진을 찍거나 스캔해 놓으면 된다.

실험 노트는 중간에 찢어 버리거나 끼워 넣을 수 없는 제본된 공책을 쓰는 것이 원칙이다. 잘 찢어지지 않는 특수용지에 모눈종이가 그려져 있고 회사 장부나 고급 단행본처럼 두꺼운 표지에 페이지 번호가 인쇄되어 있는 고급 실험 노트도 있지만 가격이 비싸므로 학생은 일반 공책을 사서 학기 초에 직접 페이지 번호를 써놓고 시작해도 된다. 실험 노트는 페이지의 한쪽 면만을 쓰고 다른 쪽에는 간단한 계산이나 그림, 사진 등 관련 자료를 메모하거나 스크랩하는 영역으로 활용하는 것이 보통이다. 계산 결과를 적을 때는 여백 페이지를 활용하여 중간 결과 등을 포함하는 세부 과정도 적어 놓으면 나중에 계산 결과가 틀렸는지 확인할 때 도움이 된다. 필기구는 잉크나 볼펜으로 쓴다. 지우고 다시 쓰지 말라는 것이다. 만약 실수를 했거나 잘못 적었을 때는 줄을 쳐서 수정할 뿐, 수정테이프나 화이트로 지우거나 처음 썼던 내용을 알 수 없게 뭉개지 않는다. 물이나 유기 용매에 수성 잉크나 유성 잉크도 지워지고 번지기는 하지만, 실수로 지워지지 않고 나중에 흔적을 남기지 않고 수정하지 못하도록 하는 것이 큰 원칙이기 때문이다. 더욱 엄격하게, 모든 페이지 아래쪽에는 실험자 자신과

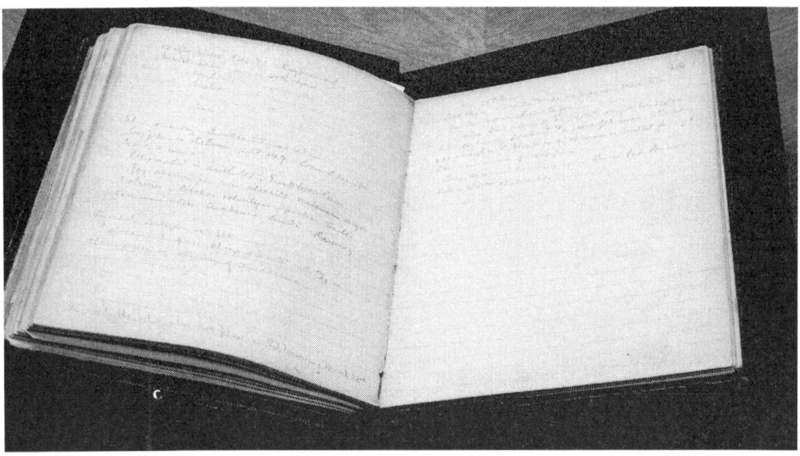

영국 유니버시티 칼리지 런던 화학과, 윌리엄 람제이 교수의 실험 노트(1904)
출처: UCL Mathematical & Physical Sciences from London, UK / Wikimedia Commons

증인의 서명을 하도록 하기도 한다. 레이저를 발명한 찰스 타운스는 학교 벤치에서 레이저의 원리가 떠오르자 이를 메모해서 근처 중국집 사장님께 가지고 가서 증인 사인을 받았다는 일화도 있다. 완전히 똑같은 실험은 이 세상에 단 하나도 없다는 것도 사실이다.

실험 노트는 성공의 결과만을 써서 남에게 보여주는 것이 목적이 아니다. 내가 했던 실패의 기록, 그리고 그 과정에서 떠오른 아이디어와 생각까지 쓰여 있는 소중한 기록이다. 다른 사람들이 내가 성공한 실험을 재현할 수 있어야 하는 것도, 그리고 내가 했던 실패를 그대로 따라 하면 실패한다는 것도 기록되어 있는 소중한 시행착오, 성공의 기록이다. 대학원 실험실에 쭉 꽂혀 있는 졸업생들의 실험 노트를 들쳐 보면서 힘들지만 보람 있는 과학자의 길을 선택했던 혈기 넘치던 졸업생들의 모습을 떠올리는 것은 즐겁다. 과학자로서 네이처나 사이언스에 실릴 멋진 논문의 서론을 무슨 문장으로 시작할까 고민하는 단계도 좋지만, 소소한 실험 결과일지 몰라도 그 결과를 얻기까지 고생했던 실험 노트를 뒤적이며 그 첫 결과를 얻었을 때의 순간을 회상하는 단계가 너무 행복한 순간이다.

관련 화학 개념

■ 반응 속도

반응 속도는 화학 반응이 얼마나 빨리 또는 얼마나 느리게 진행되는지를 나타낸다.

$$N_2 + 3H_2 \rightarrow 2NH_3$$

위 반응이 진행되면 반응물이나 생성물의 시간에 대한 농도 변화가 속도가 된다. 질소 분자는 반응이 진행되면서 숫자가 줄어들기 때문에 그 변화량으로 측정한 속도 $\Delta[N_2]/\Delta t$는 음수가 될 것이다. 그에 비해서 반응식 오른쪽에 있는 NH_3를 보고 반응 속도를 측정하면 $\Delta(NH_3)/\Delta t$는 양의 부호가 된다. 암모니아 분자의 개수가 점점 늘어나기 때문이다. 부호뿐 아니라, 질소 분자가 1초에 하나씩 사라진다면, 암모니아 분자는 1초에 두 개씩 만들어진다. 분자의 개수가 아니라 분자의 농도를 이용해서 측정해도 같은 결과를 얻는다.

$$\text{화학 반응 속도} = -\Delta[N_2]/\Delta t = -(1/3)\Delta[H_2]/\Delta t = (1/2)\Delta[NH_3]/\Delta t$$

■ 화학 반응의 커트라인

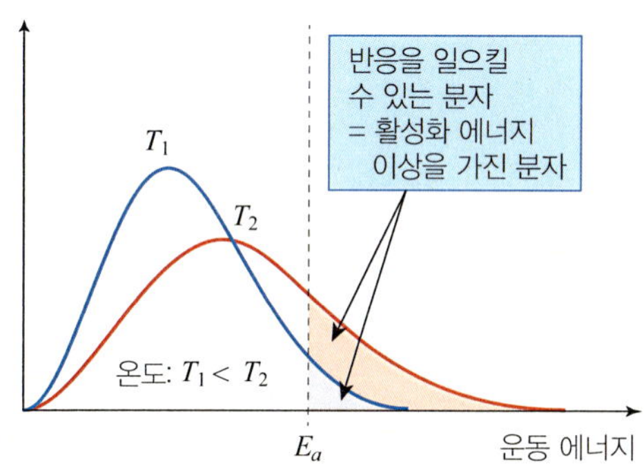

4장

원자와 주기율

존 돌턴

물은 H_2O라고 이제는 초등학생도 이야기하지만, 19세기 프랑스의 화학자 클로드 루이 베르톨레Claude Louis Berthollet, 1748~1822는 원소는 다양한 비율로 반응할 수 있고, 그 결과 만들어진 화합물 속 원소의 성분 비율은 일정하지 않다고 보았다. 어떤 물은 수소가 조금 더 많아 $H_{2.1}O$이고 어떤 물은 수소가 조금 적어 $H_{1.9}O$도 가능할 수 있다는 생각은 당시 실험 방법으로는 반박하기 힘든 주장이었다. 그러나 반박할 수 있는 증거가 없다고 무조건 믿을 수는 없는 법. 당시 화학자들 사이에서 물질의 성분 비율에 대한 많은 논쟁이 일어났다. 그러다가 1788년 프랑스의 화학자 조제프 루이 프루스트Joseph Louis Proust, 1754~1826는 화합물의 구성 성분비는 일정한 정수비가 된다는 것을 실험적으로 보이면서 원자론은 한 발자국 더 나아가게 되었다. 이미 로버트 보일은 물질이 아주 작은 알갱이로 이루어져 있다는 미립자 이론을 이용하여 기체의 성질을 설명하였고, 이 알갱이들은 아이작 뉴턴이 설명하는 만유인력과 반발력의 법칙에 따라 움직인다고 생각하였다. 프루스트는 여기에 화합물의 성분 질량을 분석하여 원소들이 일정한 무게 비율로 결합하여 새로운 화합물을 구성한다는 이론을 내놓은 것이다.

존 돌턴은 1808년 출간한 『화학 철학의 새로운 체계 A New System of Chemical Philosophy』에서 원자론을 이용하여 일정 성분비의 법칙을 설명했다. 각 원자는 고유한 무게를 가지고 있고 화합물은 원자들이 일정한 비율로 만나 이루어진다고 설명할 수 있었다. 이렇게 되

존 돌턴

면 원자 한 개의 질량을 측정할 방법은 없었지만, 최소한 원자들 사이의 상대적인 무게는 결정할 수 있었다. 돌턴은 당시 알려진 원소 가운데 가장 가벼운 수소에 상대적 원자량 1을 배정하고, 이를 기준으로 다른 원소의 원자량을 계산해 나갔다. 물은 수소 기체와 산소 기체가 만나서 만들어지는 화합물로 생각해서 수소 : 산소 : 수증기의 상대적인 무게비는 1 : 8 : 9가 되므로 산소 원자의 무게는 수소 원자의 8배가 된다고 결정하는 식이다. 지금 주기율표를 이용해서 원자량을 찾아보자. 수소는 ^{1}H이지만 산소는 ^{16}O로 표시되어 있을 것이다. 산소 원자의 무게는 수소의 16배인 것을 알 수 있다. 돌턴은 어디서 잘못한 것일까. 그는 물이 H_2O가 아니고 HO라고 생각하여 실험 결과를 해석해서 이런 결과를 얻었다. 산소와 탄소의 화합물인 일산화 탄소(CO)에 대해서도 역시 같은 잘못이 전파되어 탄소의 원자량은 6이라고 결론을 내렸다. 주관식 시험을 채점하다 보면 과정이나 풀이는 다 맞는데 계산이 틀린 답안이 있다. 나는 그때 꽤 높은 중간 점수를 주는데 돌턴의 원자량도 그런 셈이다. 돌턴이 현대적인 원자량을 제대로 맞춘 것은 별로 없지만, 원자론을 확립하여 일정 성분비의 법칙을 설명하고, 상대적인 원자량을 구하는 개념을 잡아 현대 화학의 기초가 되었다는 점에서 높은 중간 점수를 주고 싶다.

1766년 9월 6일 영국 북부 컴벌랜드 이글스필드 지역 퀘이커교 집안에서 태어난 존 돌턴John Dalton, 1766~1844은 당시 런던을 중심으로 활동했던 로버트 보일이나 아이작 뉴턴, 험프리 데이비 등 기득권 과학자과는 완전히 다른 사회적 배경을 가지고 있었다. 그는 정식 화학 교육을 받지 못했음에도 불구하고 종교적 성실함과 집중력으로 평생 많은 업적을 남겨 말년에 사회적 존경을 얻은 과학자이다. 독실한 퀘이커교도 집안 분위기에서 자란 돌턴은 12살까지 퀘이커 학교를 다닌 것이 공식적인 학력의 전부였다. 하지만 어릴 때부터 자연 현상에 깊은 관심을 보였고 총명한 돌턴을 돕는 독지가들이 있어서 수학과 과학에 관한 공부를 계속하며 과학자로의 열정을 키워갈 수 있었다. 12살이 되자 돌턴은 자신이 졸업한 퀘이커 학교에서 수학을 가르쳤고, 22살에 당시 신흥 공업도시인 맨체스터로 이사하여 맨체스터 아카데미에서 교사 자리를 구하였다. 영국 축구 팬들에게 잘 알려진 맨체스터시는 런던에서 북서쪽으로 250 km 떨어져 있지만, 런던, 버밍엄과 함께 영국을 대표하는 도시로서 18세기 방적 및 직조 공업이 크게 발전하여 한때 세계 면 공업의 중심지로 일컬어지기도 한 곳이다. 그곳에서 동료 퀘이커 교도들과 함께 맨체스터 문학 철학 협회에 가입한 돌턴은 다양한 연구를 시작하게 된다. 그는 적록색약이었는데 자신의 증상을 자각한 후 자신의 증상에 대해 관찰하고 깊이 있게 연구하여 맨체스터 협회에 발표했다. 본인이 직접 경험하고 있는 색각이상에 관한 광범위한 연구는 인간 지각 분야의 토대가 되었고 지금도 의학 분야에서 색각이상을 그의 이름을 따서 돌터니즘(daltonism)이라고 부른다.

돌턴의 두 번째 연구대상은 날씨에 관한 것이었다. 그는 죽는 날까지 57년간 매일 매일 날씨를 기록으로 남겼는데, 그 기록을 보고 기상 변화를 예측하려고 애썼다. 대기를 이루는 기체들의 움직임과 수증기의 형성이 강수량으로 이어지는 광범위한 연구를 통해 1793년 『기상학 관찰결과와 에세이』라는 저서를 출간하였다. 그는 공기를 여러 기체의 혼합물로 보았고, 1801년 기체 혼합물의 거동을 설명하는 돌턴의 분압 법칙을 만들었다. 우리가 호흡하는 공기의 압력이 1기압인데, 질소 기체만의 압력이 0.8기압, 산소 기체만의 압력이 0.2기압으로 기체 혼합물이 형성되어 혼합물에서 각 기체의 압력을 합하면 기체 혼합물 전체의 압력이 된다는 법칙이다. 공기가 혼합물이냐 화합물이냐 하는 논란도 아직 사라지지 않은 당시에는 파격적인 주장이었다. 기상학과 기체에 대한 연구는 결국 현대 화학의 토대인 원자론에 대한 생각으로 이어지게 되었다. 돌턴의 분압 법칙은 보일의 기체 미립자론을 지지하는 셈이 되었고, 기체의 압력은 분자의 종류나 모양에는 영향을 받지 않는다는 생각으로 발전한 것이다. 1803년 그는 『화학철학의 새로운 체계』라는 책을 통해 원자론을 발표했다.

돌턴의 원자론은 화학 현상을 설명하는 이론적 틀을 제공했으며, 원자량에 관한 그의 연구와 최초의 원자량표 개발은 현대 화학의 발전에도 중요한 역할을 했다. 당시에는 원자라는 존재가 물리적으로 존재하는 실재가 아니고 추상적 존재거나 아니면 증명되기 어려운 가설이라고 보는 과학자들이 많았다. 물론 돌턴도 반응 전후로 질량이 보존된다거나, 반응 중 없어지거나 만들어지지 않는 원자의 존재 등에 대한 직접적인 실험 결과는 없었다. 하지만 돌턴은 가능하다면 자연은 단순한 기본 원리에 의해서 설명되고 존재한다는 신념을 가지고 원자론을 발전시켜 나갔던 것이다.

영국왕립협회

지금도 영국의 과학자들은 자신의 이름 뒤에 FRS를 쓰게 되면 영예롭게 여긴다. 이는 영국왕립협회 펠로우Fellow of the Royal Society의 약자이다. 1660년 '과학 지식 발전을 위한 런던 왕립협회(RSL for INK, The Royal Society of London for Improving Natural Knowledge)'로 시작된 영국왕립협회는 로버트 보일, 존 윌킨스 등 당시 영국의 주류 지식인들이 만들었다. 1663년 찰스 2세의 승인을 받아 '왕립'이라는 명칭을 쓰게 되었다. 로버트 훅, 아이작 뉴턴, 로버트 헬리 등이 새로운 과학 발견과 이론에 대한 저서를 출간하고 과학자들이 교류하였다. 협회의 신조는 실험과 관찰의 중요성을 강조하면서 "누구의 말도 믿지 않는다."는 뜻의 라틴어 "*Nullius in verba*"로 정했는데, 한마디로 천 년 이상 받아들여졌던 고대 그리스의 관념적 철학과 거기서 파생된 과학 체계를 실험과 관찰로 새롭게 확인하여 바꾸어 나가겠다는 의지가 잘 드러난다. 로버트 보일이 『회의적인 화학자』라는 제목의 책을 집필하고, 왕립협회가 발행하는 『철학논고 philosophical transactions』가 현대 과학 분야 학술지의 초기 형태를 갖추면서 비공개 동료평가 논문 심사 방법을 확립한 것도 같은 맥락일 것이다.

하지만 세월이 흘러 왕립협회가 기득권을 가지게 되자 지방의 과학자들 사이에서는 불평이 나오기 시작했다. 영국왕립협회 회장을 역임하기도 했던 화학자 험프리 데이비는 지방 출신 비주류였던 돌턴을 "조잡한 실험가", "필요한 결과만 얻어내는 실험가"라고 폄훼하는 발언을 하기도 했는데 이는 당시 영국 과학계 풍토에서 자주 있는 잘

지금의 화학 왕립협회(Royal Society of Chemistry, RSC) 건물의 입구. 1980년에 분리되어 건축되었다.

못이었다. 스코틀랜드 의사이자 과학자였던 데이비드 브루스터 경Sir David Brewster, FSA, FRS, 1781~1868은 왕립협회 회원이었지만 왕립협회가 지방 과학자들의 연구 활동에 도리어 해를 끼친다고 비판을 할 정도였다. 왕립협회가 영국 과학 발전에 걸림돌이 되어간다고 생각했던 수학자이자 발명가였던 찰스 배비지Charles Babbage, FRS, 1791~1871도 같은 생각을 하고 있었다. 배비지는 1810년 자신이 케임브리지 대학에 입학했을 때 기대하고 수강했던 수학 강의에서 배울 것이 없어 크게 실망하고 수업 대신 친구들과 해석 학회Analytical Society를 만들어, 프로그램이 가능한 계산 기계의 개념을 만들고, 톱니바퀴로 돌아가는 기계식 컴퓨터인 해석 엔진Analytical Engine를 최초로 개발한 천재였다. 브루스터 경은 1831년 스코틀랜드에서 영국 과학진흥협회British Association for the Advancement of Science를 만들고, 왕립협회와 달리 지방을 돌면서 매년 학회를 열어 중요한 과학적 성과들을 발표하였다. 영국 과학진흥협회는 2010년 영국과학협회British Science Association으로 이름을 바꾸어 지금도 활동하고 있다. 창백한 푸른 별에서 자연을 연구하던 영국의 과학자들이 이런 협회 간 갈등과 지역 감정을 가졌던 것이 참 아이러니이다.

우리나라는 어떨까? 대한민국 최고의 학술기관은 1952년 정원 80명으로 설립된 대한민국 학술원이다. 인구 2천만 명이던 전후에 설정된 인원이라 현재 150명으로 정원이 늘었지만 정원이 법으로 정해져 있어 기존 회원이 사망하면 충원하는 방식으로 운영된다. 참고로 국회의원 숫자도 300명이니 모든 학술 분야를 통틀어서 150명이라면 나라를 대표하는 학자들이라고 할 수 있다. 학회 혹은 학술단체들을 회원으로 하는 한국과학기술단체 총연합회(과총)도 1966년 설립되었다. 개인과 학회의 모임 이 두 개면 충분하지 않을까 하겠지만 과학이 발전하고 이공계가 늘어나서인지 여러 과학자 모임이 계속 생겨나고 있다. 한국과학기술한림원(1994), 한국공학한림원(1996), 한국여성과학기술단체 총연합회(2003), 대한민국 의학한림원(2004), 한국차세대과학기술한림원(2017) 등등 학술원이나 과총과 입회 조건을 차별화한 다양한 협회가 만들어졌다. 과학자들끼리 교류하고 이를 통해 과학 발전에 도움이 되는 긍정적 측면도 있지만, 정부 예산을 지원받는 비슷한 단체가 많아지면 한 사람이 여러 단체에 가입해야 하고, 협회마다 임원진들이 늘어나는 것이 설립 취지와 맞지 않을 수 있는 우려도 있다.

존 돌턴은 사양하였지만 1822년 영국왕립협회 회원으로 선출되었는데, 프랑스 과학 아카데미에서 먼저 돌턴을 회원으로 추대하자 영국왕립협회에서 학회의 권위를 지키기 위해 본인 의사도 묻지 않고 회원 자격을 주었다는 이야기도 전해진다. 돌턴은 생전 유럽 전역에서 명성을 얻었고, 생화학 분야에서는 분자량의 단위로 돌턴(Da)를 사용하여 그에대한 존경을 표시하고 있다(1 Da = 1 amu). 돌턴 단위는 국제표준단위계에서 제정한 표준 단위는 아니지만 사용이 허용되는 단위이다. 1844년 7월 27일 영국 맨체스터에서 사망했을 때, 그의 책상에는 뇌졸중 후유증(혹은 파킨슨병)으로 떨리는 손으로 작성한 임종 전날의 날씨 기록이 남아 있었다. 보통 사람으로 태어나 죽기 전날까지 성실하게 과학에 매진하는 과학자의 삶이 이런 것이다. 맨체스터에서 열린 그의 장례식에는 무려 4만 명이 참석해서 조의를 표했다고 한다.

흥미로운 것은 돌턴이 자신의 저서에서 『화학 철학 Chemical Philosophy』이라는 단어를 사용했다는 것이다. 지금도 내 영어 명함에는 이름 뒤에 Ph.D.라고 쓴다. 긴 학위과정이 'Phinished(?)' 되었다는 농담도 있지만 Doctor of Philosophy 학위를 받았다는 표시이다. 화학 전공 박사가 철학philosophy 학위를 받았다고? 박사 학위를 가진 사람만이 박사 학위를 수여할 수 있는 학술적 전통을 따라, 화학을 전공한 이학박사의 스승들을 찾아 올라가면 아마도 우주와 자연을 연구하는 자연 철학자natural philosopher가 나오고 그들의 스승을 또 따라 올라가면 철학자가 나오기 때문이다. 철학은 고대 그리스 시대부터 전통을 이어왔지만 과학은 아이작 뉴턴 시대에도 아직 독립된 이름을 얻지 못하고 자연철학이라고 불렸다. 초기에는 신학조차 철학이나 자연철학과 함께 어울려 있는 상황이 지속되기도 하였을 것이다. 그러다가 '앎' 또는 '지식'이라는 뜻의 라틴어 스키엔티아*scientia*에서 유래한 사이언스science라는 단어가 19세기 초에 만들어 쓰이기 시작했고, 과학을 연구하는 자연철학자들이 늘어나자 영국의 지식인 윌리엄 휴얼William Whewell, 1794~1866이 신조어 '사이언티스트scientist'라는 말을 만들어 주었다. 그렇게 기존의 철학과 다른 방법론과 지식 체계를 가지고 과학이라는 새로운 이름을 얻었음에도 학위에서는 역사적 전통에 따라 Ph.D.라고 부르는 것이다.

한편 영어 단어 사이언스를 과학, 즉 분과학문의 줄임말로 부르는 것은 이 단어가 동양에 넘어올 때 누가 어떻게 번역하느냐와 연결된다. 외부에서 문물을 한꺼번에 받아들이는 경우 방대한 지식을 제대로 이해하는 것도 중요하지만, 기존에는 없는 개념이나 단어를 적절하게 번역하는 것도 큰일이다. 물론 라틴어나 영어를 공용어처럼 계속 사용하면 어떠냐고 하는 주장도 있지만, 모국어나 자기 글자가 있는 경우에는 이를 번역하여 사용하는 것이 지식을 익히고 발전시키는 데 더 효과적이다. 전문 용어의 번역은 단순한 단어의 번역이 아니고 배경지식을 함축적으로 담아 전달해 주기 때문에, 배경지식을 분석해서 번역하게 된다. 이 번역 과정과 그 단어를 번역하여 사용하는 과정은 새로운 지식을 창조해 나갈 수 있는 토양이 된다. 다윈의 『종의 기원』을 외국어인 영어를 배우고 나서 읽어야 하는 사람들과 체계적인 번역이 되어 있어 자기 나라의 말과 글로 이를 읽을 수 있는 사람을 비교해 보면 그 차이가 명확할 것이다. 동아시아에서는 근현대 서양 철학과 과학을 선두에 서서 수입하고 번역한 나라가 중국과 일본이다. 특히 개항 이후 서양문물 흡수에 열심이었던 일본에서 메이지유신 후 번역한 학술 단어들이 중국에서 번역한 단어들과 경쟁하면서 살아남아 지금 그대로 쓰이고 있는 것이 많다.

'과학'이라는 단어는 일본의 정치가이자 계몽 사상가로 1862년 동양권에서 최초로 네덜란드에 유학을 갔다 온 니시 아마네西周, 1829~1897가 만들었다는 기록이 남아 있다. 그는 여러 학술 단어를 그냥 발음대로 적는 음역을 하지 않고 그 단어의 원뜻과 어원을 공부하여 단어마다 한자를 사용하여 번역하였다. 1870년경에는 외국의 백과사전을 가지고 와서 표제어를 하나씩 제자들과 뜻을 공부하며 번역을 했는데 그 강의록이 지금도 남아 있다. 그는 '과학', '철학', '기술', '귀납', '연역', '명제' 같은 우리가 지금 쓰는 학술 단어를 번역하고 소개했다. 1870년 일본 병부성에 들어가 군인들을 키워내는 데 도움을 주어 군국주의 어용 지식인이라는 평가를 받기도 한다. 유럽의 새로운 선진문물을 배우고, 수입하고 번역하여 일본이 동아시아의 최강국이 되었지만 결국 제국주의의 틀을 벗어나지 못하고 주변 국가들을 침략하고 말았으니 일본 지식인들은 책임을 다하지 못했다는 생각이 든다. '과학'이라는 번역어에 숨겨져 있는 역사적 배경을 생각하면 Ph.D.나 과학자라는 직함 하나도 허투루 명함에 넣고 부르기가 쉽지 않다.

원자를 헤아리다: 아보가드로 수

정육점에서 소고기는 무게로 팔고, 식당에서 생맥주는 부피로 판다. 그렇다면 쌀을 섬이나 5 kg짜리 포장으로 사는 것이 좋을까, 아니면 쌀 알갱이를 세서 100만톨로 사는 것이 좋을까? 원자와 분자는 너무 작아서 그 개수를 직접 셀 수도 없고, 한 개씩 저울에 올려놓고 무게를 달아 볼 수도 없다. 설령 원자나 분자 하나가 올라갔을 때 그 무게를 재는 저울이 있다고 해도, 그 저울에 시료 원자를 하나씩 올려놓는 일도 만만한 일이 아닐 것이다. 그래서 우리는 원자량을 사용하여 이런 문제를 쉽게 해결한다. 수소 원자의 원자량이 1(정확히는 1.008)이라고 상식적으로 알고 있지만, 여느 물리량과 마찬가지로 1 amu라고 단위를 붙여서 부르는 것이 맞다. 원자질량단위(atomic mass unit)는 수소 원자가 1몰 개 모여 있을 때 무게가 1.0 g이 되는 비례식을 만족시켜 주는 단위이고, 몰(mole)은 개수를 세는 국제 표준 단위로 1몰은 아보가드로 수만큼을 말한다. 아보가드로 수는 6 뒤에 0이 23개 붙어 있어, 과학적 표기법으로 6×10^{23}이 된다. 따라서 수소 원자가 1몰 개 모여 있다고 하면, 아무리 작고 가벼운 원자나 분자라고 하더라도 저울로 무게를 잴 수 있는 것이다. 이런 편의성 때문에 화학자들은 몰과 아보가드로 숫자를 더 많이 사용하고 있다. 내가 탄소 원자를 1몰 개 가져오라고 하면 성실한 대학원생은 원자를 셀 수 있는 주사 터널 현미경이 없어서 일을 못 했다고 진심으로 미안해할 수도 있다. 그러나 '일잘러' 대학원생은 원자를 세려고 하지 않고 주기율표로 탄소 원자의 원자량을 확인한 후 거기에 g을 붙인 만큼 저울로 재서 가져온다. 누가 훌륭한 학생인가?

아보가드로 수는 1811년 이탈리아의 물리학자 아보가드로Amedeo Avogadro, 1776~1856가 제안한 가설에서 유래하였다. EVEN(Equal Volume, Equal Number) 가설이라고 불리는 아보가드로의 제안은 같은 온도와 압력이면 같은 부피 기체 속에 들어있는 알갱이(입자) 개수는 같다는 가정이다. 이 가설을 쓰려면 당시로서는 생소했던 분자의 존재가 도입되어야 했지만, 기체 반응에서 반응물과 생성물의 부피 비율이나 무게 비율을 쉽게 설명할 수 있었다. 지금도 아보가드로의 가설에 따른 아보가드로 수를 정확히 실험적으로 입증하기는 어렵지만, 많은 기체 화학의 실험 결과와 X-선 회절법을 이용해 고체 결정을 이루는 원자의 개수를 측정해보면 이 가설이 틀리지 않는다는 실험 결과가 광범위하게 나오고 있다. 따라서 이 '가설'은 '법칙'으로 불리는 것이 더 정확할 수 있다. 만약 아보가드로 법칙이 성립되면 아보가드로 상수도 일종의 우주 기본 상수가 되는 셈이다.

화학의 기초를 이루는 대단한 제안이었지만 발표 당시 아보가드로의 가설은 대부분의 학자들로부터 외면당했다. 아직 원자와 분자의 개념도 정립되지 않아 같은 개수의 입자가 있다는 것을 확인해 줄 데이터를 얻을 수 없는 시절에 제안된 직관적이고 단순함을 가진 가설이었기 때문이다. 게다가 산소 기체나 수소 기체가 O_2, H_2 형태의 분자로 존재한다는 공유 결합의 개념을 과학적으로 설명할 수 없었다. 당시 화합물을 설명하던 이온 이론이나 산-염기 이론으로는, 같은 극성이라고 생각되었던 수소 원자끼리의 결합은 불가능했기 때문이다. 아보가드로가 당시 화학계의 주류가 활동하는 영국, 프랑스, 독일, 스웨덴 등에서 떨어진 이탈리아에 있었다는 점과 불어에도 능통하고 외국 논문은 많이 읽고 있었음에도 외국 학자들과 적극적으로 소통하지 않았던 아보가드로의 성격도 한 원인이 되었을 것이다.

아보가드로는 이탈리아 북부 토리노의 하급 귀족 출신으로 법학박사 학위를 가지고 법률 분야에서 일하다가 1800년 수학과 물리학 공부를 독학으로 시작했다. 전기에 관한 연구 결과가 인정되어 1806년 토리노 대학의 교수가 되었지만 복잡한 이탈리아 정국 상황이나 학교 분위기에 따라 학교를 떠났다가 다시 교수로 돌아오는 일을 여러 번 겪었다. 그의 가설이 화학자들에게 인정받기 시작한 것은 그의 후배 과학자이자 적극적인 성격인 스타니슬라오 칸니차로Stanislao Cannizzaro FRS, 1826~1910가 있었기 때문이다.

칸니차로는 시실리의 팔레르모에서 태어났는데 의대에 들어갔다가 곧바로 화학 연구로 전공을 바꾸었다. 정의감에 불타던 20대에는 분열된 이탈리아 시실리섬에서 나폴리의 왕을 반대하는 반군으로 제1차 이탈리아 독립전쟁에 참여하기도 했지만, 반군이 패하자 안전한 프랑스로 도피한 후 다시 화학 연구를 하게 되었다. 화학 분야에서 많은 업적을 낸 후 1851년 알렉산드리아 국립대학 교수가 되었고, 1871년에는 로마대학의 학장이 되었다. 교수가 된 후에도 여러 정치적 활동에 참여하였고 말년에는 이탈리아 상원의원이 되어 통일 이탈리아 헌법을 만드는 데 기여하였으며 화학자로서 이탈리아 과학 교육 발전에 공헌하였다.

칸니차로는 원자량과 원자 사이의 결합 비율을 표준화하여 학계의 혼란을 피하고 싶었지만 이미 유럽 전역에서 화학자들은 통일되지 않은 자기만의 방식으로 원자량이나 분자식의 문제를 해석하고 있었다. 이제 한두 사람의 합의만으로 유럽 화학계의 혼란을 잠재우기 힘든 상황이 되었다. 벤젠 구조로 유명한 독일의 유기화학자 프리드리히 케쿨레Friedrich Kekulé, 1829~1896도 비슷한 고민을 하고 있었다. 그는 명명법과 당량, 화학식에 대한 화학 분야의 혼란을 잠재우기 위해서 유럽의 모든 화학자들이 참여하는 국제 회의를 열어야 한다고 생각했다. 인터넷도 없고 전화도 없던 시절에 유럽의 화학자들이 직접 모여 끝장 토론을 하여 문제점을 모두 해결하자는 생각이었다. 카를스루에에 있는 친구 칼 벨제인Carl Welzein, 1813~1870 교수와 함께 1860년 9월 3일 소집한 첫 국제적 화학 회의는 유럽의 쟁쟁한 화학자 127명이 참석한 가운데 사흘간 계속되었다.

여기서 칸니차로는 당시 당량으로 불렸던 원자량 대신 당량의 두 배가 되는 탄소는 12, 산소는 16의 원자량이 모든 실험 결과를 더 잘 설명할 수 있다고 팸플릿을 만들어 배포하며 새 이론을 주창하였다. 칸니차로 성격에 혼란을 해결하지 못하고 지지부진하고 있는 화학자들이 아보가드로 가설을 받아들이지 않는 것을 이해할 수 없었던 것이다. 이때는 이미 아보가드로는 자신의 가설이 학자들로 외면당했다고 생각하면서 세상을 떠난 지 2년이 지난 뒤였다. 그럼에도 칸니차로는 회의 석상에서 보수적인 화학자들을 설득하여 결론을 끌어내려 하였으나 결국 실패했다.

그러나 회의에 방문했던 러시아에서 온 젊은 화학자가 칸니차로의 팸플릿 내용에 큰 감동을 받았고, 아보가드로의 가설을 이용한 새로운 원자량이 옳은 원자량 값이라고 생각을 하고 러시아로 돌아가게 된다. 그 젊은 화학자의 이름이 멘델레예프인데, 그에 관한 이야기는 뒤에 다루기로 하자. 칸니차로는 팸플릿에 있던 자신의 주장을 2년 후인 1862년 논문으로 발표했고, 그 논문은 많은 화학자들이 아보가드로 가설을 받아들이는 계기가 되었다. 아보가드로가 죽은 지 6년이 지나서 원자량이 우리가 요즘 알고 있는 값으로 정리되기 시작한 것이다. 50년 동안 선배 과학자가 인정받지 못한 채 묵혀 두었던 실험 결과를 재해석하여 세상에 적극적으로 알려주고, 자신의 이름 대신 선배의 이름을 법칙과 상수에 남겨준 과학자 칸니차로의 삶은 과학자로서뿐 아니라 한 인간으로서 본받을 만하다.

볼타 전지

해외여행 중 황소개구리 죽 메뉴를 본 적이 있다. 흰 쌀죽을 사면 간장 양념 같은 소스에 개구리 고기를 무료로 넣어 주는 것으로 직접 맛본 것은 아니지만 닭고기 비슷한 맛이 난다고 한다. 한국에도 개구리 보양식이 있다고 하지만, 식용 황소개구리와 비슷하게 생긴 두꺼비를 잘못 먹으면 두꺼비 독 때문에 사망할 수 있으므로 주의해야 한다. 식용 개구리 요리는 유럽에서도 볼 수 있다. 중세 수도원에서 고기를 먹지 않는 기간이 있었는데, 배가 고팠던 일부 수도사들이 식사 금지 목록에 들어있지 않은 개구리를 이용하여 요리를 만들어 먹었고, 이것을 가난한 농민들까지 따라 먹게 되었다고 한다. 2022년 발표에 따르면 유럽은 연간 2억 마리의 식용 개구리를 인도네시아와 베트

남에서 수입한다고 하니 나름대로 인기 있는 요리라는 것은 분명하다.

1780년 이탈리아 볼로니 대학의 해부학과 교수 루이지 갈바니Luigi Galvani, 1737~1798도 아내 루치아가 몸살 기운이 있자 개구리 뒷다리 수프를 요리해 먹자고 권했다. 아픈 몸을 이끌고 요리를 시작한 갈바니의 부인은 조리대에서 반으로 잘린 식용 개구리 뒷다리가 갑자기 움찔하고 경련하는 것을 관찰하였다. 갈바니의 은사인 갈레아치 교수의 딸이었던 루치아는 이 현상을 남편에게 알려주었다. 그날따라 날씨가 나빠 번개와 천둥이 쳤다는 말도 있고, 루치아가 금속 식칼을 개구리에 접촉시켰다가 이런 현상을 발견했다는 말도 있다. 갈바니는 개구리 뒷다리가 일으키는 경련을 다양한 조건에서 관찰하고, '동물전기' 혹은 '생명전기'라는 개념을 발표하였다.

그는 전기가 동물의 생기를 일으키는 원인일 것이라고 추측하고, 생명을 가진 동물의 몸속 어딘가에 전기를 만들어내는 기관이 있다고 생각했다. 전기라는 신개념에 매료되어 있던 유럽의 과학계는 동물전기와 관련해서 다양한 상상력을 전개해 나갔다. 시체에 전기를 통해 생기를 불어넣어 살려낸다는 이야기는 꽤 설득력이 있었는데 영국의 소설가 메리 셸리Mary Shelley가 18살에 집필한 영어권 최초의 SF 소설이라고 할 수 있는 『프랑켄슈타인 Frankenstein』에도 그 내용이 고스란히 들어가 있다. 실제로 메리 셸리는 동물전기에 관한 이야기를 듣고 소설의 아이디어를 얻었다고 한다. 지금도 병원 응급실을 배경으로 하는 영화나 드라마에 빠지지 않고 등장하는, "차지!", "200볼트", "클리어", "쾅"으로 이어지는 심장 제세동 장면도 전기 펄스로 정지되어 있는 심장 근육에 신호를 다시 가해주는 것이니 아주 틀린 상상은 아니었다.

갈바니의 초상화나 동상을 보면 그가 동물전기 이론의 신봉자였음이 잘 드러나 있다. 반으로 잘린 개구리와 정전기를 전달하는 금속 막대, 전기를 통하지 않는 유리판을 들고 있기 때문이다. 그러나 갈바니의 동물 전기 이론은 그의 친구였던 이탈리아의 한 물리학자에 의해서 뒤집히고 말았다. 파비아 대학교 물리학과 교수였던 알렉산드로 볼타Alessandro Volta, 1745~1827는 동물전기 이론을 믿고 실험을 하다가 두 개의 다른 금속 조각을 혀에 대면 짜릿하게 전류가 흐른다는 것을 발견했다. 볼타의 혀가 특별히 민감했던 것일까? 감전사할 생각이 있다면 지금이라도 구리 조각과 아연 조각을 혀에 살짝 대보라. 아무리 둔감한 혀를 가졌다고 하더라도 짜릿한 3.1 볼트의 전기를 느낄 수 있을 것이다. 1794년 볼타는 이를 금속전기라고 부르면서, 동물이나 생명체가 없어도 금속만 있으면 전기는 발생할 수 있다고 주장하였다. 이를 증명하기 위해서 금속 두 장과 혓바닥을 흉내 내어 소금물에 적신 종이를 구리판과 아연판 사이에 끼워 세계 최초로 전지를 발명하였고, 이를 여러 겹 쌓아 올려 전기분해 반응을 일으키는 데 쓸 수 있도록 한 것이 바로 볼타 전지 혹은 '볼타의 탑(pile)'이다.

볼타는 이 업적으로 유럽 여러 나라에서 상장이나 훈장을 받았고, 프랑스에서는 위세 등등하던 나폴레옹 1세 앞에서 실험 시범을 보여 황제의 찬사를 받기도 했다. 볼타 전지는 유로가 쓰이기 전 이탈리아의 10,000리라 지폐에 볼타의 초상화와 함께 배경으로 사용되었고, 전압의 단위 볼트 역시 그의 이름을 따서 붙여진 것이다. 볼타의 원시적인 전지는 전기분해 반응을 일으킬 충분한 전기를 만들어낼 수 있었다. 이제 인간이 전기를 마음대로 쓸 수 있는 가능성의 문이 활짝 열린 것이다.

스웨덴의 옌스 야코브 베르셀리우스Jöns Jacob Berzelius, 1779~1848는 의학을 배웠지만 모든 관심은 독학으로 배운 화학, 특히 볼타 전지를 이용한 전기화학에 푹 빠져 있었다. 내 주변에는 경제학과에 들어왔는데 온라인 게임에 빠져 식음을 전폐하고 수업도 시험도 다 빠지는 학생이 있는가 하면, 자연과학대학에 입학했는데 취미로 시작한 축구에 빠져 체육학 박사가 된 친구도 있다. 정말 인간의 호기심이 한번 자극받으면 엄청난 사건이 벌어지는 법이다. 1803년 베르셀리우스는 볼타 전지의 양 전극을 중성염을 녹인 용액에 넣어 양극과 음극에서

볼타의 전지(이탈리아 Como의 Tempio Voltiano 소장)
출처: Guido / Wikimedia Commons

다른 화합물이 만들어지는 것을 관찰하였다. 우리도 비슷한 실험을 쉽게 해볼 수 있는데, 건전지 하나를 소금물에 집어넣는 것이다. 두 전극에서 기체가 거품으로 발생되는 것을 확인할 수 있다. 베르셀리우스는 화학이 꽃피고 있던 파리와 런던을 자주 방문하여 화학자들과 교류하고 자신의 발견을 알려주었다.

몇 년 뒤 영국의 험프리 데이비Humphry Davy, 1778~1829는 볼타 전지의 원리를 금속의 산화 반응이라고 설명하고, 열에너지로는 더 이상 분해할 수 없었던 포타슘과 소듐 산화물을 원판 250장짜리 초강력 볼타 전지를 만들어 전기분해하여 최초로 포타슘과 소듐을 발견하였다. 이를 지켜본 베르셀리우스는 주변의 모든 물질을 전기분해하려고 시도했고, 화합물을 양전하 물질과 음전하 물질로 분류하여 해석하였다. 이를 이원 이론dualistic theory이라고 하는데 전기적인 성격에 따라 지금의 주기율표 비슷한 원소 분류체계를 만들려고 했던 시도이다. 그러나 같은 양성 물질끼리 분자가 형성될 수 없다고 결론을 내려 스스로 실험 결과 해석에 많은 어려움을 겪었다. 이원 이론은 KCl, NaCl의 존재를 잘 설명해주었지만, H_2, O_2 등의 존재를 인정하지 않고 분자식을 H, O 등으로 잘못 설정하였던 것이다.

베르셀리우스는 당시 유럽 과학계의 변방인 스웨덴 스톡홀름에서 활동하였지만 유럽에서 가장 영향력 있는 화학자로 성공하였다. 아마도 실험실에만 갇혀있지 않고 해외여행을 자주 하면서 유럽 여러 나라의 화학자들과 친분을 쌓고 교류했기 때문이 아닐까 한다. 그는 전기화학 외에도 화학과 관련된 다양한 일을 하였다. 원소 기호를 알파벳 한 글자 혹은 두 글자로 쓰자는 돌턴의 아이디어를 대중화시키면서 지금의 분자식, 균형 맞춘 화학 반응식 표기 방법을 제안하였다. 돌턴이 사용했던 그림 방식의 화학식에 비해, 베르셀리우스의 방식은 화학책을 인쇄할 때 일반 알파벳을 사용했기 때문에 그 편의성으로 금방 유럽 화학계에서 표준이 되었다. 아래 첨자나 분자식에 계수를 사용하자는 것도 그의 제안이었다. 그는 평생 화학 교과서를 꾸준히 개정하고, 화학 관련 백과사전을 편집하면서 단백질, 촉매 등의 단어를 만들었으며, 전기화학적 방법으로 셀레늄, 토륨, 실리콘을 발견하였다. 약 45가지 원소의 원자량을 결정했으며 천여 개가 넘는 화학물질을 정제하고 분자량을 측정하였다. 그의 업적은 화학의 여러 분야에서 지금도 쓰이고 남아 있지만 정작 자신의 이름은 널리 알리지 않았다.

이온

원자가 전자와 원자핵으로 이루어졌다는 것을 인류가 이해하게 된 것은 19세기 말, 20세기 초였다. 1897년 조제프 존 톰슨Joseph John Thomson, 1856~1940은 물질에서 음전하를 띤 매우 가벼운 입자가 방출될 수 있다는 것을 실험으로 보여주고 전자의 존재를 증명하였다. 1912년 어니스트 러더퍼드Ernest Rutherford, 1871~1937는 원자에 음전하인 전자가 있다면 양전하를 띤 입자도 있을 것으로 생각하였다. 그 결과 양전하를 띤 방사선인 알파선을 금박에 쪼이는 실험을 통해서 원자핵의 존재를 확인하였다. 종이에 쏜 총알이 튀어나오는 것 같다고 표현한 결과를 얻었기 때문이다. 원자핵은 양전하를 띠고 있고, 방사선 알파선은 헬륨의 원자핵이다. 알파선이 원자와 부딪칠 때 어떻게 튀어나오거나 통과하는지를 보고 원자핵의 크기는 원자 크기의 십만 분의 일에 해당한다고 결론내린 것이다. 축구 경기장만 한 수소 원자가 있다면 운동장 한가운데 탁구공만 한 원자핵이 있고, 관중석 위치에서 전자 하나가 움직이고 있는 것이다. 믿기 힘들겠지만 원자의 나머지 영역은 진공이고, 원자가 이렇게 생겼다면 결국 세상 모든 물질의 대부분이 진공인 것이다. 고대 그리스의 철학자 레우키포스가 제안한 '원자와 진공'으로 세상이 이루어져 있다는 말이 연상되지 않는가? 원자가 전자와 원자핵으로 이루어져 있는지 알게 되자 화학자들은 원자와 이온, 전기화학의 관계를 만족스럽게 이해할 수 있었다.

이온이란 양전하 또는 음전하를 띤 원자나 원자들의 뭉치를 말한다. 전기적으로 중성인 원자에서 음전하를 띈 전자가 빠져나오거나 들어가면 원자의 전기적 균형이 깨지면서 이온이 된다. 전자를 잃은 이온을 양이온이라고 부르고, 전자를 받은 이온을 음이온이라고 부른다. 만약 양이온과 음이온이 만나면 강력한 전기적 인력과 반발력으로 이온 결합이 형성된다. 예를 들어 소금은 Na^+와 Cl^-가 전기적 인력에 따라 규칙적으로 배치되어 만들어진 이온 결합 화합물이다. 원자에서 만들어진 이온의 전하는 전자가 이동하는 것이므로 +1 혹은 −1처럼 정수만 가능하다는 것에 주의하라. 책의 앞부분에서 원자는 더 이상 쪼갤 수 없다고 했지만, 이제 그 말을 바꾸어야 겠다. 원자는 원자핵과 전자로 쪼갤 수 있지만 전자는 더 이상 나눌 수 없다.

주기율표의 위치에 따라 이온의 전하를 예상할 수 있다. 주기율표의 1A족 금속들은 모두 +1 양이온으로 발견된다. 7A족(혹은 17족) 원소들은 −1 음이온으로 발견된다. 전자가 두 개 이상 이동하면 +2, +3, −2, −3 등의 이온이 될 가능성이 있다. 예를 들어 2A족의 Ca^{2+}, 6A족 O^{2-} 같은 이온이 존재한다. 여러 개의 원자가 모여서 이온이 되기도 한다.

이온 결합 화합물의 조성식은 전체 전하량의 합이 0이 되게 쓴다. 양이온의 전하량 합이 음이온의 전하량 합과 같게 쓴다는 것이다. 가령 Al^{3+}와 O^{2-} 이온이 만나서 만들어지는 화합물은 $(+3 \times 2) + (-2 \times 3) = 0$이 되도록 가장 간단한 정수비로 화학식을 적어 Al_2O_3가 된다.

험프리 데이비

스웨덴의 베르셀리우스와 교류했던 영국의 화학자 험프리 데이비는 영국 서남단 콘월주 펜젠스 부근에서 태어났다. 16세에 아버지를 잃고 생계를 위하여 견습 약제사가 된 것이 그가 화학에 흥미를 갖게 된 계기였다. 그는 토머스 베도스Thomas Beddoss, 1760~1808가 영국 브리스톨에 세운 기체연구소 The Pneumatic Institution에서 일하면서 다양한 기체를 발생시키고 분리하며 그 성질을 연구하였다. 특히 프리스틀리가 발견한 산화 이질소(아산화 질소라고도 불리는 N_2O)를 자기 스스로에게 시험하여 이 기체가 마취효과와 환각효과를 가지고 있는 것을 발견하였다. 험프리 데이비는 산화 이질소를 웃음 기체라고 불렀지만, 사실 이 기체가 개그 콘서트처럼 배꼽 빠지는 웃음이 나게 하는 것은 아니고, 얼굴 근육을 경련시켜 당겨서 마치 배트맨의 조커처럼 웃는 표정을 만들어낸다. 지금은 간단한 외과 수술의 마취제로 쓰이고 있지만 당시에는 환각효과를 이용한 웃음 기체 파티가 귀족들 사이에서 유행하였다.

이런 역사적 사실이 알려지자 우리나라에서도 산화 이질소를 풍선에 넣어 파티용으로 파는 일이 발생하였다. 환각효과가 있지만 많이 알려져 있지 않았고, 기체여서 다루기가 불편해 별로 사용되지 않다가 해피벌룬이라고 불리는 방식으로 국내 유흥업소와 클럽이 밀접한 지역에서 마취나 환각용으로 유통되었다. 산화 이질소는 2017년부터 화학물질관리법에 따라 환각물질로 관리 대상이 되었지만, 병원에서 마취용으로, 커피숍에서는 휘핑크림을 만드는 데 이용되었기 때문에 쉽게 구할 수 있었다.

어쩌면 필자도 해피벌룬의 피해자라고 할 수 있다. 연구실에서 산화 이질소 기체의 적외선 분광법을 연구하고 있었는데, 당연히 산화 이질소를 고압가스 용기로 구입하여 쓰고 있었다. 화학물질관리법이 발효되자 당장 기체 회사에서 연락이 왔다. 허가를 받을 때까지 가스 용기를 회수해 가겠다는 것이었다. 한창 실험을 진행해야 하는데 시약이 없어지는 일이었다. 사실 40 L짜리 고압가스 용기에 40기압으로 산화 이질소를 가지고 있었으니 500 mL짜리 해피벌룬을 많이(몇천 개) 만들 수 있는 양이었다. 회사로서는 난처할 만하다. 그 이후로 필자는 산화 이질소 실험을 그만두었다.

실험실에서 만들 수 있는 위험 물질은 한도 끝도 없다. 전공 실험 시간에 약간의 염산 기체가 필요하면 연금술사 자비르 이븐 하이얀

Jabir ibn Hayyan, 721~815이 발견한 염산 제조법을 이용한다. 자비르 이븐 하이얀은 소금과 황산을 반응시키면 기체 염산이 만들어지는 것을 발견하고 자신의 저서에 기록해 두었다. 이렇게 만들어진 염산을 물에 녹여 염산 용액을 만들고 질산과 3 : 1 정도로 섞으면 은은히 연기도 나면서 금까지도 녹일 수 있는 왕수가 되니 연금술사들이 많은 관심을 보였던 물질이기도 하다.

1807년 볼타 전지를 이용하여 포타슘과 소듐을 전기분해하여 얻어낸 험프리 데이비도 염산 HCl에 관심을 가졌다. 염산을 분해한 그는 염산에 산소가 없고 대신 염소가 있다는 것을 알았다. 지금이야 염소, 염산이라는 이름이 정해져 있으니까 붕어빵에 붕어 있냐 없냐하는 따지는 말장난처럼 들리겠지만, 아직 염소라는 이름이 있기 전 이야기다. 바다 건너 프랑스에서는 라부아지에가 '산을 만드는 원소'라는 뜻의 '산소'라는 이름을 붙여 산소가 산성을 일으키는 물질이라고 주장하고 있었다. 염산에서 염소를 분리해내고, 이름을 '염소'라고 붙인 험프리 데이비는 붕어빵에 붕어가 없는 것을 발견한 것이다. 험프리 데이비는 산은 '산소'가 아닌 '수소' 때문이라는 주장을 하였고, 곧 화학자들은 산의 특징이 양성자, 즉 수소 원자핵이 물에 녹아 있어서 생기는 현상이라는 것을 알게 되었다. 프랑스 과학계의 스타였던 라부아지에의 주장을 뒤엎고 영국 과학계의 위상을 살린 공로로 험프리 데이비는 1812년 기사 작위를 받았고, 세습되는 작위인 준남작 작위까지 받게 된다. 그는 생애 전체로 보면 과학의 발전 방향이나 정책 분야에서 활동하여 화학 실험이나 이론에 크게 기여하지는 않았지만, 젊은 시절 다양한 발견과 발명을 한 업적은 일찍이 인정받았고 다양한 일화들이 지금까지 전해지고 있다. 나중에는 영국왕립협회 회장으로까지 선출되어 그의 영어 이름에는 Sir, 1st Baronet(준남작), PRS(President of Royal Society)까지 주렁주렁 붙게 될 만큼 화학을 통해 성공한 입지전적인 인물이 되었다.

데이비의 고향에 1872년에 세워진 그의 대리석상을 보면 정장을 입고 오른손에 보온병을 들고 있다. 사실 오른손에 들고 있는 원통 모양의 물건은 보온병이 아니고 데이비 등이라고 불리는 광산용 안전등이다. 땅속을 파고 들어가 석탄이나 원광석을 캐내는 작업을 하다 보면 공기보다 무거운 기체들이 차서 질식하거나 폭발성 기체가 랜턴의 불꽃에 점화되어 폭발하는 사고가 많았다. 데이비 등은 금속으로 된 망으로 심지 불꽃을 둘러싼 형태로 만약 폭발이 일어나더라도 금속망이 열을 빨리 분산시키기 때문에 대형 폭발로 이어지지 않는 것이 장점이었다. 이 등은 갱도에 있는 기체의 성분이나 양에 따라 심지 불꽃의 크기가 변하기도 하고, 색깔이 바뀌기도 하여서 광산에서 널리 사용되었고, 광부들과 그 가족들은 훨씬 안심하고 작업을 해나갈 수 있었다. 1815년 이 등을 발명한 데이비는 지적재산권료로 많은 돈을 벌 수 있었지만 특허를 무료로 공개하였다. 사업가는 명예나 명분을 포기할지언정 돈을 포기하지 않는 경우가 많다. 탄산수 만드는 법을 공개했던 프리스틀리나 데이비 등을 발명하고도 특허를 포기했던 데이비가 살던 1800년대 영국 과학계는 마치 경쟁하듯이 경제적 이익을 포기하고 과학을 하는 낭만적 과학자들이 많았던 모양이다.

멘델레예프

2017년 제72차 유엔 총회는 2019년을 IYPT 즉 '세계 주기율표의 해 International Year of the Periodic Table of elements'로 선포하였다. 유엔은 2011년을 '세계 화학의 해'로 선포하였고 대한화학회에서도 일 년간 다양한 행사를 진행했었는데, 9년 만에 화학과 관련된 주제로 다시 전 세계가 일 년간을 기념하며 보냈다. 특별히 2019년을 세계 주기율표의 해로 선정한 이유가 있었으니, 150년 전인 1869년 3월 러시아의 상트페테르부르크에서 드미트리 이바노비치 멘델레예프 Dmitri Ivanovich Mendeleev, 1834~1907가 그 당시 알려져 있던 원소를 분류하고 정리하는 새로운 방법을 제안한 역사적 사건이 있었기 때문이다. 각 원소의 질량(지금은 원자량)과 화학적 성질에 따라 원소들을 나누어 정리한 이 분류표는 오늘날까지 널리 사용되고 있는 주기율표의 기초가 되었다.

멘델레예프는 제정 러시아 시대 시베리아 토볼스크 외곽에서 태어났다. 김나지움 교장이었던 아버지는 멘델레예프가 태어나던 해 시력을 잃어 실직하였고 가족의 생계는 어머니 마리아 드미트리예브나의 책임이 되었다. 마리아는 친정아버지가 소유하고 있던 유리 공장을 임대해 운영했는데, 어린 멘델레예프는 유리를 녹여 풍선처럼 불거나 서로 붙여서 원하는 모습을 만드는 유리 세공 경험을 가질 수 있었다. 그러나 유리 공장에 뜻하지 않은 화재가 발생하여 경제적으로 최악의 상황이 되자 마리아는 모든 것을 정리한 후 총명한 막내아들에게 최고의 교육을 시켜주는 것이 그녀가 할 수 있는 최고의 투자라는 것을 깨달았다. 마리아는 멘델레예프와 어린 누이 리자를 데리고 시베리아에서 모스크바까지 2,400 km를 넘는 거리를 마차와 말로 달려갔다. 멘델레예프를 모스크바 대학에 입학시키려 하였지만, 시베리아에서 온 시골뜨기 자칭 천재 소년에게 모스크바 대학은 입학을 허가하지 않았다. 수학이나 물리학 같은 과목은 성적이 우수했지만 문학이나 철학, 고전 같은 과목의 성적이 너무 나빴기 때문이다. 이에 좌절하지 않고 마리아는 다시 두 아이를 데리고 모스크바에서 800 km를 달려 상트페테르부르크로 갔지만 상황은 같았다. 다행히도 상트페테르부르크에 있는 교사양성대학(나중에 상트페테르부르크 국립대학으로 바뀜)의 학장이 고인이 된 남편과 친분이 있는 사람이었기에 가까스로 멘델레예프의 입학이 가능할 수 있었다. 맹자의 어머니가 자식 교육을 위해 이사를 세 번 했다고 하지만 아들을 위해 3,000 km를 달려간 마리아의 헌신적인 노력도 그와 비견할 만하다고 하겠다.

천신만고 끝에 멘델레예프가 대학교에 들어갔지만 안타깝게도 마리아는 입학식 후 10주 만에 병으로 58세에 사망하고, 함께 온 여동생도 일 년 뒤 사망하고 만다. 아마도 추운 날씨에 불편한 교통수단으로 먼 거리를 이동해 쇠약해지고, 유행하던 독감 바이러스 등에 감염되었기 때문으로 보인다. 졸지에 고아가 된 멘델레예프는 "허황된 것을 멀리하고 힘들어도 고결한 과학적 진리만을 찾아라"라는 어머니의 유언을 따라 고학으로 학업에 전념하여 대학교를 우등 졸업하였다. 어머니에 대한 고마움과 사랑을 삶으로 표현한 효심이 느껴진다.

1855년 대학을 졸업한 멘델레예프는 크림반도 지역의 고교에서 교사가 되었다. 하지만 젊은 교사의 의욕과 달리 학교 분위기는 정상적인 강의가 쉽지 않았다. 2021년 발발한 러시아-우크라이나 전쟁의 요충지이기도 했던 크림반도는 1855년에도 러시아 제국과 오스만 제국의 각축장이었기 때문이다. 플로렌스 나이팅게일이 많은 부상병을 치료했던 것으로 알려진 크림 전쟁에서 러시아 제국은 오스만 제국에 패했고, 러시아 국적이었던 멘델레예프는 전쟁을 피해 다시 상트페테르부르크로 돌아와야 했다. 22세의 젊은 나이에 대학 강사가 된 그는 강의와 연구에 몰두하면서 러시아가 유럽과 같은 연구 여건이 되지 않아 많이 아쉬워하고 있었다.

다행히 1859년 멘델레예프는 국가로부터 2년짜리 유럽 연수 장학금을 받게 되었고, 프랑스 파리에 있는 콜레주 드 프랑스에서 앙리 빅토르 르뇨Henri Victor Regnault, 1810~1878 교수와 함께 일할 기회를 얻었다. 르뇨 교수는 기체 관련 측정 실험으로 세계 최고 권위자였는데, 이상 기체의 법칙 PV = nRT에 나오는 기체 상수 R이 그의 성 첫 글자를 딴 것이다. 파리에서 유럽의 선진 연구를 충분히 경험한 멘델레예프는 이번에는 독일 하이델베르크로 가서 구스타프 키르히호프Gustav Kirchhoff, 1824~1887와 로베르트 분젠Robert Bunsen, 1811~1899과 함께 일하였다. 키르히호프와 분젠은 분광학이라는 당시로서는 최신 기법을 이용하여 새로운 원소를 찾아내고 있었다. 멘델레예프는 1860년 독일에서 열린 세계 최초의 국제 화학 학술대회인 카를스루에 화학회에도 참석했는데 그 학술대회가 바로 인생의 전환점이 될 것이라고는 아마 본인도 몰랐을 것이다. 그곳에서 이탈리아의 화학자 스타니슬라오 칸니차로로부터 아보가드로 법칙, 원자량 결정에 대해 많은 것을 듣고 알게 되었다. 인터넷과 인공지능이 있으니 모든 것을 책상에 앉아 배울 수 있다고 생각하기 쉽지만, 나는 기회가 되면 젊은 학생들에게 세상을 돌아다니며 직접 많은 것을 경험하라고 추천한다. 유홍준 교수님이 『나의 문화유산답사기』에서 이야기한 것처럼 내가 아는 만큼 더 보이고, 더 배울 수 있기 때문이다. 러시아 변방에 있는 젊은 화학자였던 멘델레예프가 프랑스, 독일, 이탈리아를 여행하며 당시 최고의 화학자들과 함께 일하고 교류하며 주기율표에 대한 이런저런 생각을 키울 수 있었으니, 멘델레예프가 받았던 해외연수 지원금은 러시아가 화학 분야에 기여한 가장 가성비 높은 국가 장학금으로 생각된다.

유럽 연수를 마치고 상트페테르부르크로 돌아온 멘델레예프는 이제 러시아에서 촉망받는 젊은 연구자가 되었다. 그는 기술 대학에서 강사 자리를 얻어 유럽에서 발전하고 있는 화학의 최신 지식을 강의하여 유명해졌고, 1866년 32세의 나이에 모교인 상트페테르부르크 대학에서 본인 지도교수의 뒤를 이어 일반화학을 담당하는 정식 교수가 되었다. 1869년 자신의 강의를 바탕으로 일반화학 책 『화학의 원리』를 집필하였는데 이 책은 학계에서도 내용을 인정받아 여러 언어로 번역되었을 뿐 아니라 20세기 초까지도 일반화학 교과서로 유럽 곳곳에서 많이 사용되었다. 『화학의 원리』를 집필하는 과정에서 멘델레예프는 원소를 분류하는 방법을 설명해야 할 필요성을 느꼈고, 사흘 낮과 밤을 고민하다가 주기율표의 초기 아이디어를 생각해 낸다. 강한 집중력으로 한 가지만을 생각하다 보면 갑자기 놀라운 아이디어가 떠오를 때가 있는데, 평소 기차로 출퇴근을 하면서 기차 안에서 카드놀이를 즐겼다고 하는 멘델레예프가 카드를 배치하는 방식으로 원소들을 이리저리 배열하다 원소의 배열에 대한 생각이 떠올랐던 모양이다.

러시아에서 유명해진 멘델레예프는 정치적으로는 중립을 표방했지만 강직한 성격 때문에 제정 러시아의 여러 부조리와 불의에 대해서는 늘 비판적이었다. 강단을 떠나 러시아에 미터법을 도입하는 데 관여하는 등 국립 연구소나 정부 기관에서 겸직 근무를 하기도 했는데, 1905년 스웨덴 왕립과학원의 외국인 정회원이 되었고 1906년과 1907년 2년 연속 노벨 화학상 후보로 추천되지만, 위원회 과학자들의 알

ОПЫТЪ СИСТЕМЫ ЭЛЕМЕНТОВЪ.

ОСНОВАННОЙ НА ИХЪ АТОМНОМЪ ВѢСѢ И ХИМИЧЕСКОМЪ СХОДСТВѢ.

			Ti=50	Zr=90	?=180.
			V=51	Nb=94	Ta=182.
			Cr=52	Mo=96	W=186.
			Mn=55	Rh=104,4	Pt=197,4.
			Fe=56	Rn=104,4	Ir=198.
			Ni=Co=59	Pl=106,6	Os=199.
H=1			Cu=63,4	Ag=108	Hg=200.
	Be=9,4	Mg=24	Zn=65,2	Cd=112	
	B=11	Al=27,4	?=68	Ur=116	Au=197?
	C=12	Si=28	?=70	Sn=118	
	N=14	P=31	As=75	Sb=122	Bi=210?
	O=16	S=32	Se=79,4	Te=128?	
	F=19	Cl=35,5	Br=80	I=127	
Li=7	Na=23	K=39	Rb=85,4	Cs=133	Tl=204.
		Ca=40	Sr=87,6	Ba=137	Pb=207.
		?=45	Ce=92		
		?Er=56	La=94		
		?Yt=60	Di=95		
		?In=75,6	Th=118?		

Д. Менделѣевъ

멘델레예프가 발표했던 초창기의 주기율표

력(?)과 멘델레예프의 사생활 문제로 모두 수상에는 이르지 못했다. 여성 과학자라고 수상에서 제외되곤 하던 시절이니 러시아 화학자라는 점이 작용했을지도 모른다. 그의 노벨상 수상을 반대했던 당시 쟁쟁했던 심사위원들의 이름을 아는 사람은 적어도 주기율표와 멘델레예프라는 이름을 모르는 사람이 없는 것을 보면 노벨상의 권위를 올릴 수 있는 기회를 수준 낮은 심사위원들 스스로 놓친 셈이다

멘델레예프가 사망하자 장례식은 러시아 국장으로 치러졌고, 화학계는 1955년 2월 미국 캘리포니아 주립대학 버클리 캠퍼스의 앨버트 기오르소Albert Ghiorso, 1915~2010가 이끄는 연구팀이 입자가속기를 이용해 합성한 첫 번째 인공 원소에 그의 이름을 붙였다. 1955년 국제화학연맹(IUPAC)에 의해 '멘델레븀(^{101}Md, Mendelevium)'이라는 이름이 최종 승인되었는데, 동서 냉전 시대였기 때문에 버클리 대학 화학과의 석학이었던 글렌 시보그 교수가 미국 정부를 설득하여 러시아 화학자의 이름을 미국에서 만들어낸 원소에 붙이는 것을 허락받는 과정이 필요했다고 한다.

주기율표의 역사

인간은 복잡한 세상을 쪼개고 나누어서 이해하고, 숨겨져 있는 질서와 패턴을 발견하면서 새로운 법칙을 찾아내는 동물이다. 원소를 체계적으로 분류하고자 한 것은 멘델레예프가 처음은 아니다. 유네스코가 2017년을 '멘델레예프의 해'가 아니고 '주기율표의 해'라고

이름 붙인 것에 주목하자. 150년 전 화학자들은 원소들을 원자량으로 배열하다 보면 분명히 어떤 규칙성이 보인다는 것을 알고 있었고, 그 규칙을 알아내려고 애쓰고 있었다. 라부아지에가 1789년에 그의 『화학개론』에 실은 표를 보면 라부아지에도 세상의 여러 물질을 30여 개의 기본 원소로 분류하여 표로 만들었다. 성질이 비슷한 원소들 사이에서 원자량을 비교하려는 과학자도 많았다. 1816년 독일의 화학자 요한 볼프강 되베라이너Johann Wolfgang Dobereiner, 1780~1849는 비슷한 원소를 세 개씩 묶어 보면 뭔가 규칙성이 보이고, 그중 두 원소를 알면 아직 발견되지 않은 세 번째 원소의 원자량을 예상할 수 있다고 하였다. 예를 들어 염소와 아이오딘의 원자량 평균값을 원자량으로 가지는 원소가 있을 것이라고 예측하는 방식이었다. 나중에 발견된 브로민이 여기에 해당된다.

원소를 상대적인 원자량이 증가하는 순서로 배열하고 규칙성을 찾은 사람은 화학자가 아닌 프랑스의 지질학자가 먼저였다. 알렉상드로-에밀 베귀예 드 샹쿠르토아Alexandre-Emile Beguyer de Chancourtois, 1820~1886는 칸니차로와 아보가드로 이론을 받아들여 원자량을 새롭게 결정하고, 개정된 원자량을 이용하여 원소들을 나열하면 원자량이 16씩 증가하는 규칙이 있다는 것을 논문(1862)으로 발표하였다. 그러나 그는 원통 표면에 나선형으로 원소들을 배열하여 규칙성을 찾았고, 논문에 원통을 이용한 방법에 대한 자세한 설명과 그림을 빠뜨려 화학자들의 주목을 받지 못했다. 생각의 표현과 글쓰기, 말하기를 연습해야 하는 것을 보여준 좋은 사례라고 생각된다. 적극적으로 상대방을 이해시키거나 설득하지 못하면 아무리 위대한 발견이라도 의미가 없기 때문이다.

같은 시기에 영국의 화학자 존 뉴랜즈John Alexander Reina Newlands, 1837~1898도 원소의 배열을 연구하고 있었다. 그는 원자량이 커지는 순서로 원소를 나열하면 8번째 원소의 성질이 비슷해지는 옥타브 규칙(1865)을 발견하였다. 0족 기체들이 널리 알려지지 않았기 때문에 음악의 옥타브 이론으로 원소의 규칙성을 설명할 수 있었지만, 원자량이 커지면 이 규칙이 지켜지지 않고 있었고 아직 발견되지 않은 원소들 때문에 주기성이 잘 보이지 않기도 하였다. 그러자 당시 과학자들은 옥타브 이론을 비과학적이라고 믿어주지 않았으며, 옥타브 이론이 맞다면 원소 이름의 알파벳 순서로도 규칙을 볼 수 있다고 놀리기도 하였다. 독일의 화학자 줄리어스 로타르 마이어Julius Lothar Meyer, 1830~1895 역시 1864년에 출간한 『화학에 대한 새 이론 Die Moderned Theorien der Chemie』에서 원자량과 원자 부피를 이용하여 원소를 분류하였고, 아직 논문으로 발표하지는 않았지만 개정된 원자량을 이용하여 원소들을 분류한 표를 작성하고 있었다. 원소를 분류하는 방법에 대해서 눈에 띄지 않는 치열한 연구 경쟁이 유럽 전역에서 일어나고 있었던 것이다.

아마도 멘델레예프가 아니었다면 줄리어스 마이어가 주기율 규칙을 찾아내었을 개연성이 가장 크다. 그러나 멘델레예프는 원자량의 기준이 아직 정의되지 않았을 때, 양성자나 중성자가 아직 발견되지 않았을 때, 당시 알려진 63개의 원소만을 가지고 아직 발견되지 않은 원소까지 예측하는 원소 분류표를 만들어 이 경쟁에 종지부를 찍었다. 주기율표 발표 당시에 아직 발견되지 않았지만, 반드시 존재해야 할 원소(갈륨, 스칸듐, 저마늄)를 예측한 후 주기율표에는 빈칸을 남겨 놓았는데, 몇 년 후 이들 원소가 발견되고 원자량이나 성질이 멘델레예프의 예측과 너무나 잘 맞았기 때문이다. 여러 사람의 노력이 있었지만 주기율표에 멘델레예프의 기여도가 가장 높게 인정되어야 한다는 데 모두 동의하게 된다.

오늘날 주기율표에는 인공 합성 원소 26종을 포함해 모두 118종의 원소가 배열되어 있다. 1600년 이전에는 12개의 원소가 알려져 있었고, 1600년대에 인이 발견되고 잠시 발견이 뜸하다가, 1700년대에 20개, 1800년대에 48개가 새로 발견되었다. 그후 1900년대 35개가 발견되거나 인공적으로 만들어졌다. 지난 150년 동안 주기율표는 세상의 모든 원소를 규칙에 따라 분류하고, 새로운 원소를 예측하고, 새 원소가 발견하면 해당하는 자리에 배정해 나가면서 계속 수정 보완되어 왔다. 새로운 과학적 발견이 반영되어 분류 기준이 바뀌기도 하였다. 양성자와 중성자가 발견되자 원자량 대신 원자핵의 양성자 수, 즉 원자 번호를 분류 기준으로 사용하였고, 양자역학이 탄생하자 원소의 주기성을 전자 오비탈에 전자가 배치된 상태에 따라 결정된다는 것으로 설명하였다. 20세기에는 주기율표가 새로운 원소를 만드는 요리책 역할도 했다. 그 결과 주기율표의 7번째 주기를 완성하면서, 2015년 국제 순수 및 응용 화학 연합(IUPAC)에서 113, 115, 117, 118번 원소에 각각 니호늄(Nh), 모스코븀(Mc), 테네신(Ts), 오가네손(Og)의 이름을 부여한 바 있다.

새로운 원소를 찾거나 만들어 보려고 하면서 얻은 과학적 성과는 상당하다. 방사선 동위 원소를 인공적으로 만들어 의료용이나 산업용으로 이용하고, 실험에 사용되는 입자가속기를 제작하고 운영하는 진공 기술이나 전자 공학 같은 공학 요소 기술이 발전하여 첨단 산업에서 다양하게 활용된다. 매우 독특하고 유용한 성질을 지닌 안정한 미지의 원소가 존재할지 모른다는 기대를 가지고 주기율표 8주기, 원자번호 119번 이상의 원소를 찾는 21세기 연금술도 진행 중이다.

리처드 파인만의 말대로 가장 중요한 현대 지식의 근본이 원자론이고, 원자론을 하나의 표로 정리해서 후손에게 줘야 한다면 그것이 주기율표가 될 것이다. 주기율표는 우주를 이루고 있는 원소들을 체계적으로 분류하였고 중요한 화학적 물리적 성질을 표시하여 하나의 표로 압축해 보여준다. 150여 년 전 처음 등장한 주기율표는 원소 자리가 여기저기 비어 있는 불완전한 가설에 불과했다. 그러나 과학자들은 주기율표의 빈자리를 채워가며 현대 과학 문명의 튼튼한 기초를 만들어 주었고, 미래에도 인류는 주기율표를 계속 활용하게 될 것이다. 문득 바라본 주기율표에서 수많은 과학자의 노력과 좌절, 그리고 자연의 규칙에 숨어있는 아름다움이 느껴진다.

원소

세상에 원자는 몇 가지 종류가 있을까? 주기율표를 보면 인간이 만들어 낸 방사성 원소까지 모두 118종류의 원소가 있다. 대한민국의 과학자나 미국의 과학자도 여기에 동의한다. 그뿐 아니라 태양계와 우리 은하 너머 우주에도 118가지의 원소가 있을 것이다. 태양계 밖으로 날려 보낸 보이저호에 실려있는 그림에 수소 원자를 형상화한 그림을 그려 놓은 것은 혹시 만날 외계 생명체에게 인류의 지적 수준을 보여주고 소통하기 위해서였다. 저 멀리 떨어져 있는 별에 특정한 원소가 있는지 없는지 태양에 수소와 헬륨의 있는지 없는지 직접 가 보지 않고도 알 수 있는 이유는 지구에서 관찰되는 물질들과 우주 저 멀리에 있는 별도 같은 종류의 원자들로 만들어진다는 믿음 때문이다. 한국에서는 척을 쓰고, 미국에서는 피트를 쓰고, 유럽에서는 미터를 쓰는 것처럼 주기율표가 은하계마다 다를 수 있을까? 단순히 같은 길이를 단위가 다르게 부르는 것이 아니라 물질의 구성 체계가 완전히 다른 우주가 존재한다면 우주에 대한 인간의 이해는 완전히 바뀌어야 할 것이다. 지금까지 우리 은하의 대부분이 수소 원자로 되어 있다는 것을 확인한 만큼, 주기율표를 가지고 우주를 설명할 수 있다고 믿고 있다.

우리가 사용하는 한글 주기율표를 꺼내 보자. 많은 화학책에 주기율표가 부록이나 속 표지에 인쇄되어 있을 것이고, 더러 화학을 아주 좋아하는 사람이라면 책상이나 휴대전화에 주기율표가 준비되어 있을 것이다. 고등학교에 강연장에서 주기율표가 그려진 휴대폰 케이스를 사용하는 고등학생을 만난 적도 있고, 티셔츠 앞뒤에 주기율표가 그려진 티셔츠를 입고 화학 시험 시간에 들어오는 대학생도 있다. 나는 미국 화학회에서 파는 주기율표가 그려진 넥타이를 매고 강의를 한다. 원소 기호가 잘 생각나지 않을 때, 넥타이를 슬쩍 쳐들어 볼 수 있어 무척 편리(?)하다. 한글 주기율표는 대한화학회 홈페이지를 찾아가서 최신판을 언제나 무료로 다운받을 수 있다. 주기율표에서 118번 원소의 위치는 어디일까? 오른쪽 아래 귀퉁이에 있는 원소는 103번 로렌슘이다. 118번은 그보다 조금 위에 있다. 아래쪽 두 주기의 원소들은 주기율표 중간에 57~71번 원소와, 그 밑에 89~103번의 원소들을 표가 옆으로 길어지지 않도록 밑으로 빼놓은 것이다. 혹시 중학교 때 주기율표를 배웠던 학생들은 1번부터 18번 정도까지만 그려진 폭이 좁은 주기율표를 기억할 것이다. 그러나 원자 번호가 늘어나면 주기율표의 폭이 넓어지는 일이 두 번 일어나다 보니 중간에 늘어난 곳을 아래로 빼놓았다고 생각하면 쉽다. 주기율표에서 118번 원소의 위치를 제대로 찾는 것도 원자 번호가 어떻게 부여되는지, 그리고 원자의 전자들은 어떻게 배치되는지를 알고 나면 어려운 일은 아니다.

원소의 이름을 정확하게 부르고, 원소 기호를 규칙과 약속에 따라 쓰는 것이 매우 중요하다. 원소들의 한글 이름은 대한화학회가 정해준 규칙을 따르고, 원소 기호와 국제 통용 이름은 전 세계 화학 분야의 국제연합과 같은 국제 순수 및 응용 화학 연합에서 합의한 대로 사용하고 있다. 안타까운 것은 우리나라에서는 일부 원소의 한글 이름이 아직 통일되지 못하고 섞여서 쓰이고 있다는 점이다. 주기율표 11번 원소를 예로 들어 보자. 대한화학회는 소듐이라고 읽고 쓰겠다고 하는데 우리에게는 나트륨이 더 익숙한 이름이다. 그 아래쪽에 있는 19번 포타슘도 보통 칼륨이라고 부른다.

이렇게 다르게 불리는 이유는 우리나라의 학문과 과학이 도입된 역사적인 배경 때문이다. 우리는 중국을 통해서 과학기술 문물과 지식을 수입해 왔고, 일제시대에는 일본을 통해서 유럽과 독일 쪽 단어들을 들여오게 되었다. 하지만 이차 세계대전과 한국 전쟁을 겪고 나

주기율표 Periodic Table of the Elements

원소 기호 → C, 6 ← 원자 번호
영어명 → Carbon
한글명 → 탄소
원자량 → 12.011

금속 (Metal)
준금속 (Semimetal)
비금속 (Nonmetal)

주기＼족	1	2	3	4	5	6	7	8	9	10	11	12	13	14	15	16	17	18
1	H 1 Hydrogen 수소 1.007																	He 2 Helium 헬륨 4.0026
2	Li 3 Lithium 리튬 6.941	Be 4 Beryllium 베릴륨 9.0122											B 5 Boron 붕소 10.811	C 6 Carbon 탄소 12.011	N 7 Nitrogen 질소 14.0067	O 8 Oxygen 산소 15.9994	F 9 Fluorine 플루오린 18.9984	Ne 10 Neon 네온 20.1797
3	Na 11 Sodium 소듐(나트륨) 22.9898	Mg 12 Magnesium 마그네슘 24.305											Al 13 Aluminium 알루미늄 26.9815	Si 14 Silicon 규소 28.0855	P 15 Phosphorus 인 30.9738	S 16 Sulfur 황 32.0650	Cl 17 Chlorine 염소 35.4533	Ar 18 Argon 아르곤 39.948
4	K 19 Potassium 포타슘(칼륨) 39.0983	Ca 20 Calcium 칼슘 40.078	Sc 21 Scandium 스칸듐 44.9559	Ti 22 Titanium 타이타늄 47.867	V 23 Vanadium 바나듐 50.9415	Cr 24 Chromium 크로뮴 51.9961	Mn 25 Manganese 망가니즈 54.938	Fe 26 Iron 철 55.845	Co 27 Cobalt 코발트 58.9332	Ni 28 Nickel 니켈 58.6934	Cu 29 Copper 구리 63.546	Zn 30 Zinc 아연 65.409	Ga 31 Gallium 갈륨 69.723	Ge 32 Germanium 저마늄 72.64	As 33 Arsenic 비소 74.9216	Se 34 Selenium 셀레늄 78.96	Br 35 Bromine 브로민 79.904	Kr 36 Krypton 크립톤 83.798
5	Rb 37 Rubidium 루비듐 85.4678	Sr 38 Strontium 스트론튬 87.62	Y 39 Yttrium 이트륨 88.9059	Zr 40 Zirconium 지르코늄 91.224	Nb 41 Niobium 나이오븀 92.9064	Mo 42 Molybdenum 몰리브데넘 95.94	Tc 43 Technetium 테크네튬 98.9063	Ru 44 Ruthenium 루테늄 101.07	Rh 45 Rhodium 로듐 102.9055	Pd 46 Palladium 팔라듐 106.42	Ag 47 Silver 은 107.8682	Cd 48 Cadmium 카드뮴 112.411	In 49 Indium 인듐 114.818	Sn 50 Tin 주석 118.71	Sb 51 Antimony 안티모니 121.76	Te 52 Tellurium 텔루륨 127.6	I 53 Iodine 아이오딘 126.9045	Xe 54 Xenon 제논 131.293
6	Cs 55 Cesium 세슘 132.9055	Ba 56 Barium 바륨 137.327		Hf 72 Hafnium 하프늄 178.49	Ta 73 Tantalum 탄탈럼 180.9479	W 74 Tungsten 텅스텐 183.84	Re 75 Rhenium 레늄 186.207	Os 76 Osmium 오스뮴 190.23	Ir 77 Iridium 이리듐 192.217	Pt 78 Platinum 백금 195.078	Au 79 Gold 금 196.9666	Hg 80 Mercury 수은 200.59	Tl 81 Thallium 탈륨 204.3833	Pb 82 Lead 납 207.2	Bi 83 Bismuth 비스무트 208.9804	Po 84 Polonium 폴로늄 208.9824	At 85 Astatine 아스타틴 209.9871	Rn 86 Radon 라돈 222.0176
7	Fr 87 Francium 프랑슘 223.0197	Ra 88 Radium 라듐 226.0254		Rf 104 Rutherfordium 러더포듐 261.1088	Db 105 Dubnium 더브늄 262.1142	Sg 106 Seaborgium 시보귬 266.1219	Bh 107 Bohrium 보륨 264.1247	Hs 108 Hassium 하슘 269.13	Mt 109 Meitnerium 마이트너륨 268.1388	Ds 110 Darmstadtium 다름스타튬 271.15	Rg 111 Roentgenium 뢴트게늄 272.1535	Cn 112 Copernicium 코페르니슘 (277)	Nh 113 Nihonium 니호늄 (284.18)	Fl 114 Flerovium 플레로븀 (289.19)	Mc 115 Moscovium 모스코븀 (288.19)	Lv 116 Livermorium 리버모륨 (293)	Ts 117 Tennessine 테네신 (294)	Og 118 Oganesson 오가네손 (294)

란타넘족 (Lanthanides)	6	La 57 Lanthanum 란타넘 138.9055	Ce 58 Cerium 세륨 140.116	Pr 59 Praseodymium 프라세오디뮴 140.9077	Nd 60 Neodymium 네오디뮴 144.24	Pm 61 Promethium 프로메튬 146.9151	Sm 62 Samarium 사마륨 150.36	Eu 63 Europium 유로퓸 151.964	Gd 64 Gadolinium 가돌리늄 157.25	Tb 65 Terbium 터븀 158.9	Dy 66 Dysprosium 디스프로슘 162.5	Ho 67 Holmium 홀뮴 164.93	Er 68 Erbium 어븀 167.259	Tm 69 Thulium 툴륨 168.9342	Yb 70 Ytterbium 이터븀 173.04	Lu 71 Lutetium 루테튬 174.967
악티늄족 (Actinides)	7	Ac 89 Actinium 악티늄 227.0278	Th 90 Thorium 토륨 232.0381	Pa 91 Protactinium 프로트악티늄 231.0359	U 92 Uranium 우라늄 238.0289	Np 93 Neptunium 넵투늄 237.0482	Pu 94 Plutonium 플루토늄 244.0642	Am 95 Americium 아메리슘 243.0614	Cm 96 Curium 퀴륨 247.0703	Bk 97 Berkelium 버클륨 247.0703	Cf 98 Californium 캘리포늄 251.0796	Es 99 Einsteinium 아인슈타이늄 252.083	Fm 100 Fermium 페르뮴 257.0951	Md 101 Mendelevium 멘델레븀 258.0984	No 102 Nobelium 노벨륨 259.101	Lr 103 Lawrencium 로렌슘 262.1097

서 지식의 수입 경로가 중국, 일본–독일에서 영미권인 미국과 영국 쪽을 통하는 것으로 바뀌면서, 학문과 지식 체계 특히 전문 용어들이 마구 섞이는 상황이 되고 말았다. 영국이나 미국에서 쓰는 원소 이름과 유럽, 독일에서 쓰이던 이름이 다른 경우가 많기 때문이다. 그뿐 아니다. 러시아의 영향을 받은 북한에서는 '멘델레예프 원소 주기표'를 사용하면서 한글 원소 이름은 우리와 또 다른 것이 많으니 그것까지 생각한다면 원소의 한글 이름에 대한 혼란은 매우 심각하다고 할 수 있다.

예전에는 주기율표를 외우라고 해서 화학 시간에 못 외우면 벌을 서는 경우도 있었다. 하지만 주기율표를 절대로 외울 필요는 없다. 미국에서 유학하던 시절, 교수님이 시험 때 보너스 문제로 주기율표를 쓰라고 했는데, 필자는 30개 정도밖에 쓰지 못하고 그 문제를 포기한 채 답안지를 제출하고 말았다. 나중에 알고보니 시험을 치른 화학과 강의실 벽에 대형 주기율표가 늘 붙어 있었다. 그 사실을 알고 순발력 부족한 자신을 얼마나 탓했던지! 교수가 된 이후 화학 전공 시험 문제지에는 꼭 주기율표를 함께 제공하고 있다. 과학이 암기 과목이 되어서는 안 되기 때문이다.

물론 대학 시절에는 강의 중 학생들에게 이런저런 상수나 단위 등을 자주 질문하시는 공포의 최 교수님 강의를 들을 기회가 많았다. 최 교수님의 지론은 버스 두 번 타고 택시 한 번 탈 일정으로 외출한다면 지갑에 차비를 어느 정도 가지고 나갈지는 알고 나가야 한다는 것이었다. 2000년대 후반 어느 대통령 후보자가 생방송 토론회에서 버스값이 얼마냐고 기습 질문을 받았을 때, 70원이라고 엉뚱한 대답을 해서 서민의 삶을 모르는 분이 대통령 후보가 될 수 있냐고 논란이 된 적이 있었다. 그때 나는 정치적 공방보다는 최 교수님의 말씀이 문득 떠올랐다. 최 교수님이라면 70원인지, 700원인지, 7000원 정도인지 감을 가지고 있어야 한다고 호통을 치시지 않았을까. (참고로 당시 버스값은 1000원 정도였다.) 주기율표도 원리를 알고 나면 외울 필요까지 없지만, 많이 쓰다 보면 주기율표 일부가 저절로 익숙해질 것이다.

원소 중 자연계에 존재하는 것이 90여 종류지만, 원자핵 속 양성자의 숫자가 바로 원자 번호라는 것을 알고 나서 인류는 계속 새로운 원소를 만들어 낼 수가 있게 되었다. 새로운 원소가 발견되면 이름을 정해야 한다. 주기율표에서 95번 원소 Am의 이름을 찾아 보라. 97번 Bk, 98번 Cf 원소의 영어 철자나 원소 이름은 무엇을 연상시킬까? 아메리슘, 버클륨, 캘리포늄이다. 아메리카 대륙에서 만들어졌고, 캘리포니아주 버클리에서 만들어졌으니 그렇게 이름을 붙이자는 데 세계 과학자들이 동의한 것이다. 그럼 어떻게 미국 시카고 대학과 로렌스 버클리 연구소, 뉴욕 롱아일랜드의 연구소에서 입자가속기를 이용해서 새로운 원자핵을 만들어내는 실험이 가능했을까? 이들은 이차 세계대전 중 원자폭탄을 개발하던 맨해튼 프로젝트와 연관이 되어 있다. 전쟁과 과학의 발전은 동전의 앞뒤처럼 서로 연관되어 있다는 것이 씁쓸할 뿐이다.

원소의 이름에는 과학자 이름을 붙인 것도 있다. 독자 여러분이 주기율표를 보면서 확인해 보기 바란다. 인터넷이나 백과사전이 보급되기 전에는 주기율표를 이리저리 둘러볼 때 원소마다 간단한 설명이 붙은 책 한 권이 무척 편리하였다. 일본 교토대학교 약대의 사쿠라

이 히로무(桜井 弘) 교수가 1997년에 쓴 『원소 111개의 새로운 지식 元素111の新知識』(블루백스 시리즈)이라는 책이 있다. 서울대학교 김희준 교수님이 『원소의 새로운 지식』(아카데미서적, 1998)이라는 제목으로 번역한 책도 출간되었다. 그런데 원서가 출간된 지 20년 뒤 그 책은 제목을 『원소 118개의 새로운 지식 元素118の新知識』으로 바꾸었다. 원소가 더 많이 발견되어 주기율표가 수정되니까 책 제목을 바꾼 것이었다. 그런데 일본어판 책 표지에 113번 원소를 크게 강조해서 그려두었다. 113번에 해당하는 원소는 2004년 일본의 이화학연구소(RIKEN)에서 아연 원자핵을 비스무트 원자핵에 충돌시켜 세계 최초로 만들어 낸 인공 원소이다. 일본 이화학연구소에서는 1997년부터 인공 원소 연구에 투자해 왔는데 약 20년 만에 빛을 본 것이다. 새로 만들어진 원자는 0.000344초 동안 잠깐 존재했다가 핵분열을 거쳐 사라졌는데, 이를 실험적으로 발견해낸 것이었다. 일본은 실험 결과를 근거로 새 원자의 정식 이름 후보로 일본의 영어 단어를 딴 자포늄(Japonium, Jp)이나 이화학연구소의 이름을 딴 리케늄(Rikenium, Rk), 일본의 과학자 니시나 요시오(仁科芳雄)의 이름을 딴 니시나늄(Nishinanium)을 제안했다. 새로 만든 원소는 처음 만든 사람이나 기관에게 이름을 지을 수 있는 권리를 주는 것이 IUPAC의 관습이기 때문이다. 이 제안은 당시에 실험 증거가 부족하다는 이유로 IUPAC에서 채택되지 못했지만 2015년 말, 일본 측이 실험 결과를 보강하여 113번 원소의 명명권을 인정하였다. 일본 이화학연구소에서는 니호늄(Nihonium, Nh)을 제안하였고, IUPAC에선 2016년 이를 새 원소의 공식 이름으로 등록해 주었다. 동양권에서 명명권을 가진 처음이자

(내 생각으로는) 마지막 티켓을 일본 이화학연구소가 가져간 것이다. 언젠가 대한민국이 대하니윰(Dh)나 코리아늄(Kr), 발해니윰(Bh) 같은 인공 방사성 원소를 세계 최초로 우리가 만들 날이 오지 않을까?

공상과학영화나 이론적으로는 비브라늄 같은 원자 번호 몇백 번째리 원소를 상상할 수 있지만, 현실적으로는 쉽지 않다. 118번 원소의 반감기에서 알 수 있는 것처럼, 원자량이 큰 초중량 원소를 인공적으로 만들기도 어렵지만, 만들어진 순간 아주 짧은 시간만 존재하고 붕괴하기 때문이다. 동전 쌓기나 카드 쌓기 내기를 하는 경우를 생각해 보자. 아주 높이 쌓은 동전 뭉치에 내가 동전을 하나 더 얹었는데 무너졌다. 내가 진 것 같지만 0.001초 동안 동전 탑이 유지되었다고 주장하면 나는 동전탑을 한 층 더 쌓는 것에 성공했다고 주장할 수 있다. 초중량 원소들을 안정적으로 잡을 수 있는 방법이 개발되기 전까지 한동안 새로운 원소를 만드는 경쟁은 없을 것으로 보인다. 그래도 1997년에 시작하여 2016년에 니호늄을 인정받았던 일본처럼 20년 뒤에 인정받을 연구를 하는 과학자들이 주변에 많다는 것은 마음 든든한 일이다.

요제프 프라운호퍼

독일의 유리기술자였던 요제프 폰 프라운호퍼Joseph von Fraunhofer, 1787~1826는 동화와 같은 인생을 살았다. 그는 1787년 독일 바이에른주 슈트라우빙에서 태어나 11살에 부모님을 여의고 지역 유리

기술자 밑에서 견습생으로 일을 배우며 숙식을 해결하며 지냈다. 14살에 유리 공장이 무너지는 큰 사고를 당했지만, 마침 사고 현장을 지나던 왕자(후에 바이에른 왕국의 초대 왕이된 막시밀리안 1세)가 구조작업에 참여하여 어린 프라운호퍼를 구해낸 인연으로 원하던 공부를 계속할 수 있었고, 품질 좋은 렌즈나 프리즘을 만드는 뛰어난 솜씨로 유리 장인으로 성장할 수 있었다. 그의 유리 기술은 당시 바이에른 왕국의 광학 분야에 많은 기여를 하여 망원경과 현미경의 성능을 크게 향상시킬 수 있었고, 국방, 과학, 공학 여러 분야에 큰 영향을 미쳤다. 당시 바이에론 왕국에서는 유리 제조와 가공 기술을 국가 첨단기술로 관리하였고, 프라운호퍼를 외부인 특히 외국인들과 접촉되지 않는 지역에 격리하여 연구하게 하였다. 프라운호퍼는 프리즘을 통해서 빛을 분산시키면, 태양에서 오는 빛이 연속된 무지개색으로 이루어져 있지만, 중간중간 200여 개의 흡수선이 검은색 선으로 나타나고 있음을 관찰하였다. 그는 자신이 만든 정밀한 분광기로 이 선들을 분석해 내고 프라운호퍼선이라고 이름 붙였다. 런던왕립협회와 바이에른 과학 아카데미는 프라운호퍼를 정회원으로 선출하였고 오늘날 독일의 프라운호퍼 소사이어티는 그의 이름을 딴 국가 연구단체로, 응용 연구 및 기술 분야의 연구를 이어가고 있다.

광학 기계를 이용하여 물질과 원소를 분석하는 방법은 1826년 영국의 화학자이자 사진작가였던 윌리엄 헨리폭스 텔벗William Henny Fox Talbot, 1800~1877에 의해서 제안되었지만, 실험적으로 활용되기 시작한 것은 원소의 불꽃 스펙트럼을 분석할 수 있는 기술이 개발되고 나서부터이다. 빛을 파장에 따라 분산시킬 수 있는 프리즘과 원소들이 안정적으로 빛을 낼 수 있도록 하는 방법, 그리고 이를 기록으로 남길 수 있는 사진 기술이 모두 완성되고 합쳐져야만 가능했던 것이다. 원소가 빛을 내려면 에너지를 가해줘야 하는데 가장 쉬운 방법이 불꽃을 이용하거나 고압 전기 방전을 일으키는 것이다. 독일 하이델베르크 대학의 로베르트 분젠Robert Bunsen, 1811~1899은 조수 피터 데사가Peter Desaga, 1812~1879와 분젠 버너를 발명했는데 이 장치는 영국 마이클 패러데이가 개발한 실험용 버너를 개선한 것으로 불꽃에 공급되는 공기량을 조절할 수 있고, 그을음이 생기지 않는 깨끗하고 안정적인 가스 불꽃을 만들어 줄 수 있는 장치였다. 이후 분젠의 버너는 유럽의 여러 실험실에서 사용되었고, 분젠 자신도 이를 이용하여 원소의 고유한 불꽃 빛깔을 연구할 수 있었다.

원소 불꽃을 해석하기 위해서 분젠은 하이델베르크 대학 물리학과의 구스타프 키르히호프Gustav Kirchihoff, 1824~1887의 도움을 받았다. 이것이 지금의 원소 분광법, 원자 분광기의 시초라고 할 수 있다. 소듐 가로등이 노란색을 띠고, 염화 소듐이 주성분인 소금이 가스 불꽃에 들어가면 노란색 불꽃을 내놓는 것도 다 같은 원리로 설명된다. 소듐 원자에 전기 방전이나 에너지를 가해주면 전자들이 에너지를 흡수해서 높은 에너지 상태로 되었다가 다시 안정된 상태로 되면서 여분의 에너지를 특징적인 노란색 파장의 빛으로 내놓는 것이다. 이 방식을 분광법에서는 원자 방출 분광법AES, atomic emission spectroscopy이라고 한다.

원소가 내놓은 빛의 파장은 원소마다 독특하지만, 그 세기를 측정하여 적절한 비례관계를 이용하면 빛을 내놓는 소듐 원자가 몇 개 있는지도 알 수 있다. 어떤 물질을 분젠 버너에 넣었더니 알려지지 않은 스펙트럼이나 색깔이 보인다면? 어쩌면 새로운 원소를 발견한 것일 수도 있다. 분젠은 이 방법으로 두 개의 원소를 찾아내었는데, 짙은 빨간색을 내는 루비듐(Rb)과 푸른 하늘색을 내는 세슘(Cs)이었다. 라틴어로 빨간색을 *rubidus*, 푸른색을 *caesius*라고 하는 데서 이름을 딴 것이다.

영국의 윌리엄 크룩스William Crookes, 1832~1919도 1860년 같은 방법을 써서 황산 공장에서 나오는 공정 찌꺼기에서 녹색 스펙트럼을 내는 탈륨(Tl)을 발견하였다. 그리스어 *thallos*는 녹색 새순이나 가지를 뜻한다고 한다. 이처럼 불꽃을 이용한 방출 분광법은 매우 민감해서 시료 속 미량으로 존재하는 원소를 찾아내고 분석하는 데 많이 사용된다.

빛을 방출하는 것과 반대로 무지갯빛을 소듐 원자에 쪼여주면 그 중에서 노란색 빛만 흡수한다. 바닥 상태에 있던 소듐 원자가 높은 에너지 상태가 되는 현상이다. 소듐 증기를 통과한 무지갯빛에는 태양의 프라운호퍼선과 같은 흡수선이 관찰되는데, 이를 흡수 분광법이라고 한다. 분광 분석법은 오늘날도 널리 쓰이는 대표적인 분석 방법이다. 이때 사용되는 빛(전자기파)의 파장에 따라 엑스레이, 자외선(UV), 가시광선, 적외선(IR), 마이크로파 분광법 등으로 구별하고, 빛을 흡수, 방출 또는 산란하여 측정하는지에 따라 구별하기도 한다. 레이저나 X-선을 사용할 경우 분광 분석법은 더 강력해져서 분석 대상의 구성 성분과 농도뿐 아니라, 분자 구조, 화학 결합의 종류, 분자 내 에너지 전달 등과 고급 정보를 얻을 수 있다.

분젠은 태양빛에서 발견된 프라운호퍼선에서 소듐의 흡수선 두 개 (589.0 nm 와 589.6 nm)와 파장이 정확히 일치되는 것을 찾고, 태양의 대기에 소듐이 있다는 결론을 내렸다. 아직 우주탐사 기술이 개발되기 전에 멀리 떨어져 있는 태양의 원소 분석을 빛을 이용해 알아낸 것이다. 일반적으로 원자 분광학 기법은 1 ppb에서 1 ppt 범위의 검출 한계를 달성할 수 있다. 오늘날 고감도 장치와 특수한 시료 처리 기술을 사용하면 검출 한계를 훨씬 더 낮추어 0.01 ppt 수준까지 도달할 수 있다.

방사선의 발견

1896년 앙투안 앙리 베크렐Antoine Henri Becquerel, 1852~1908은 피치블랜드라고 불리는 우라늄 원석을 종이에 싸서 암실에 두었는데 이것이 우연히 옆에 있던 사진건판을 하얗게 노출시키는 것을 발견하였다. 베크렐은 우라늄 광석으로부터 종이를 투과하는 강한 무엇이 나왔기 때문이라고 결론지었다. 뢴트겐W. C. R ntgen, 1845~1923이 X–선을 발견한 직후였기 때문에 종이를 투과하는 어떤 빛이 있을 수 있다고 생각한 것이다. 하지만 X–선은 높은 에너지의 전자를 금속에 쏘았을 때 발생하는데, 가만히 놓아둔 광석이 스스로 무엇인가를 방출한다는 점이 달랐다. 당시 소르본 대학 대학원생이었던 마리 퀴리Marie Salomea Sklodowska–Curie, 1867~1934는 우라늄 광석에 들어 있는 특별한 원소가 방사선을 낼 수 있다는 것을 밝히고 남편 피에르 퀴리Pierre Curie,

1859~1906와 함께 그 원소들을 찾아내 '방사능radioactivity'이라는 용어를 만들었다. 베크렐과 퀴리 부부는 방사선과 방사능 원소를 발견한 업적으로 1903년 노벨 물리학상을 받았다.

1899년 어니스트 러더퍼드는 피치블렌드에서 나오는 방사선이 두 종류가 있다는 것을 밝혔다. 양의 전하를 띤 방사선은 종이 한 장으로도 막을 수 있었는데 러더퍼드는 이것을 알파선이라고 불렀다. 다른 방사선은 음의 전하를 띠고 있으며 종이는 뚫고 지나갈 수 있었지만 금속판을 뚫지는 못하였는데 이것을 베타선이라고 불렀다. 알파선이 헬륨 원자핵의 흐름이라는 것은 러더퍼드와 그의 제자 토마스 로이드Thomas Royds, 1884~1955가 알아내 발표하였고, 베크렐은 베타선이 전자의 흐름임을 밝혔다. 1900년 폴 비야르Paul Ulrich Villard, 1860~1934가 라듐 원자로부터 투과력이 강한 새로운 방사선을 발견하였다. 러더퍼드는 이것이 알파선과 베타선과는 다른 방사선이라는 것을 알아채고 감마선이라고 이름 붙였다. (네 번째 방사선을 더 발견한다면 델타선이라고 불렸을 것이다.)

알파선은 원자핵이 방사성 붕괴를 할 때 핵으로부터 방출되는 헬륨 원자핵으로, 어떤 이들은 알파 입자라고 부르기도 한다. 그만큼 상대적으로 전자에 비해 크기와 질량이 커서 물질을 통과하기 어렵다. 다른 원자핵이나 전자들과 충돌하여 에너지를 쉽게 잃어버리기 때문이다. 질소와 산소 분자로 되어 있는 공기 중에서도 겨우 수 cm를 나아갈 수 있고 얇은 종이 한 장 정도로 막을 수 있다. 일반적인 알파선은 우리 몸의 피부를 뚫고 들어갈 수도 없지만 그렇다고 알파선이 안전한 것은 아니다. 지하실에서 많이 검출되는 라돈과 같은 기체 형태의 방사성 원소가 호흡 등을 통해 체내로 흡수된다면, 배출되지 않고 몸속에서 지속적으로 방사선을 내므로 치명적일 수 있다.

베타선의 투과력은 알파선보다 강해 두꺼운 종이를 투과하지만, 얇은 금속 포일로 막을 수 있다. 베타선 전자의 근원은 초기에 큰 의문이었지만, 추후 연구를 통해 원자핵 속 중성자가 양성자로 바뀔 때 반중성미자anti neutrino와 함께 나온다는 것을 알게 되었다. 이를 음의 베타 붕괴beta decay라고 부른다. 똑같은 붕괴가 전하만 반대인 경우도 상상할 수 있는데 이때에는 양전자positron와 중성미자neutrino가 방출되는 것이 발견되어 양의 베타 붕괴라고 부른다.

전자와 질량은 같지만 전하는 반대인 반전자가 실제로 존재하며, 이렇게 만들어진 반물질이 있을 수 있다. 반전자는 진공 속에서는 오래 존재할 수 있지만, 일반 조건에서는 금방 주위 전자와 반응하여 소멸되면서 에너지를 방출한다. 만약 많은 양의 반물질을 만들어 노출시키면 반물질이 소멸되면서 큰 에너지를 낼 수도 있을 것이다. 이런 사실을 바탕으로 쓰인 공상과학 소설이나 영화가 많은데, 댄 브라운의 소설을 원작으로 한 영화 〈천사와 악마〉(2009) 도입부에 보면 유럽입자물리연구소 CERN에서 입자가속기를 통해 반물질을 만드는 멋진 장면이 나온다. 물론 영화나 소설처럼 엄청난 폭발을 일으킬만한 반물질을 제조하는 것은 아직 불가능하고, 반전자와 전자가 만나 소멸하면 두 개의 광자가 서로 반대 방향으로 방출될 뿐 파괴력은 없을지도 모른다.

어느 곳에서 음의 베타 붕괴가 일어났는지 그 위치를 정확하게 측정하는 것이 병원에서 진단에 사용하는 PET라고 불리는 양전자 방출

단층조영술의 기본 원리이다. 양전자는 C-11, N-13, O-15, F-18 등의 방사성 동위 원소가 붕괴되면서 방출되고, 이런 동위 원소로 만든 글루코스 유사체를 몸 안에 주사하여 글루코스가 많이 소모되는 영역의 체내 물질대사를 추적한다.

감마선은 파장이 약 0.01 nm보다 짧은 전자기파 형태로 원자핵이 변환될 때 방출하는 에너지이다. 감마선은 전하와 질량으로 이루어지지 않은 순수한 전자기파이기 때문에 물질 속 깊숙이 침투하고 두꺼운 콘크리트 벽이나 금속으로 막을 수 있다. 효과적으로 감마선을 흡수하려면 원자 번호가 크고 밀도가 높은 물질을 쓰는 것이 바람직하다. 감마선 차폐 물질의 효율은 대개 감마선의 강도를 반으로 줄이는 데 필요한 두께half value layer, HVL로 정의한다. 납 1 cm, 콘크리트 6 cm, 진흙 기준 9 cm 두께라면 감마선의 강도를 반으로 줄여준다는 뜻이다. 감마선의 에너지가 높을수록 더 두꺼운 차폐물이 필요하지만, 감마선의 에너지를 반의 반의 반까지 줄인다고 안전하다고 할 수 있을까? 결국 자연계에 존재하는 자연 방사선의 수준까지 세기를 낮추려면 아주 두꺼운 차폐벽이 필요하고, 선물거래시장에서 kg당 3달러 정도로 비교적 값싼 금속인 납을 사용한다.

병원의 X-선을 찍는 곳은 일반인이나 의료진이 방사선에 노출되는 것을 막기 위해서 벽 속에 두꺼운 납판을 집어넣어 시공하는데, 현실적으로 무한정 두꺼운 납을 쓸 수는 없다. 납 중독의 위험 때문에 납이 아닌 다른 물질을 사용하는 경우도 있지만 차폐 효과, 비용, 쉽게 구할 수 있는 정도를 모두 고려하면 아직 납만 한 금속이 없다. 가족이 병원에서 방사선 진단이나 치료를 받게 가면 나는 어느 벽 속에 납판이 들어있는지를 확인하고 그 뒤에서 기다리거나 가능하면 가족 곁을 떠나 멀리 밖에 나가 있곤 한다. 가족에 대한 사랑과 희생정신이 모자란 나 자신을 탓하면서 말이다.

마리 퀴리

급할 때 국그릇 받침으로 노벨상 메달을 쓸 수 있는 가정이 있다. 공동수상이기는 하지만 아버지는 노벨 물리학상 1개, 어머니는 노벨 물리학상과 화학상 총 2개, 딸은 노벨 화학상 1개, 사위도 노벨 화학상 1개를 받아 집안에 노벨상 메달이 굴러다니는 퀴리 부부와 그 딸 이렌느 졸리오 퀴리Irene Joliot-Curie, 1897~1956, 사위 프레드릭 졸리오 퀴리Jean Frédéric Joliot-Curie, 1900~1958 가족 이야기다. 둘째 딸 에브 퀴리의 남편도 유니세프 대표로서 노벨 평화상을 수상했는데 이것을 제외하면 이 가족의 노벨상은 모두 방사성 원소와 방사능에 관한 물리학과 화학 연구를 통한 것이다. 한 집안을 노벨상 맛집(?)으로 만든 것은 '방사능'이라는 단어를 처음 만들며 이 분야를 개척한 마리 퀴리의 역할이 컸다.

마리 퀴리는 러시아 지배하에 있던 폴란드 바르샤바에서 물리학 교사였던 아버지와 교장이었던 어머니 사이에서 5남매 중 막내딸로 태어났다. 가난하지만 화목하던 가정은 아버지가 교사직을 박탈당하고, 어머니는 폐결핵으로 실직한 후 돌아가시자 급격히 몰락하면서, 형제 중 일부는 어린 나이에 병으로 죽는 비극을 겪었다. 공부를 잘했던 마리 퀴리는 가정교사로 유학 자금을 모아 23살이 되어서야 1891년 프랑스 파리 소르본 대학으로 유학을 떠날 수 있었다. 친언니도 프랑스에 유학하여 의사가 되었기에 도움을 받을 만도 했지만, 마리 퀴리는 유학 생활 중에도 언니에게 최소한의 부담을 주면서 가난한 유학생 생활을 하였다. 소르본 대학에서 만난 화학자 피에르 퀴리와 1895년에 결혼했지만, 마리 퀴리는 아이를 낳고 키우면서도 연구에 집중하였다. 마리 퀴리는 피치블랜드를 이용해서 방사선을 내놓는 미지의 물질을 분리해 내는 연구가 가장 중요하다고 생각했고 박사 논문 주제로 삼아 실험실에서 유독한 화합물과 방사능에 노출되며 연구에 몰두하였다. 아직 유독물질이나 방사선의 위험에 대해서 잘 모르던 시절이었다. 둘째 딸이 쓴 전기에 따르면 이 과정에서 마리 퀴리는 몸무게가 10 kg 이상 심하게 감소하였고, 자석을 연구하던 남편까지 설득하여 연구 분야를 바꾸게 하고, 부부의 연구 역량을 모두 방사성 원소 분리에 쏟아부었다고 한다.

그 결과 당시 체코슬로바키아 요아힘슈타르 광산에서 가져온 총 8톤의 우라늄 광석 찌꺼기를 염산에 녹이고 성분을 분리하는 작업을 반복하여, 알려지지 않았던 새로운 방사성 원소가 포함되어 있는 물질을 0.1 g 정도 분리해 낼 수 있었다. 마리 퀴리는 새로 발견한 원소 중 하나에 자신의 조국 폴란드의 이름을 따서 폴로늄(Po)이라고 이름 붙였다. 폴로늄 외에도 방사선을 내는 미지의 원소가 하나 더 발견되었는데 어둠 속에서 아름다운 연두색 빛을 내는 물질이 있었다. 대낮에 태양빛으로 들뜬 라듐이 밤이 되면 실험실 곳곳에서 은은한 연두색 인광을 내는 것이었다. 퀴리 부부는 '사방으로 퍼지는 빛'이라는 뜻

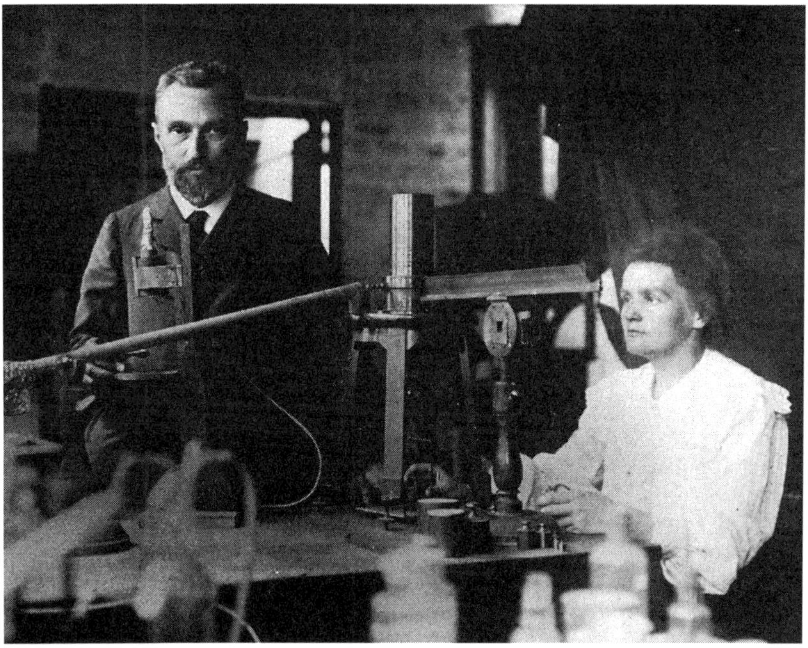

피에르 퀴리, 마리 퀴리 부부의 연구실 사진

의 라틴어 *radius*를 이용하여 방사능radioactivity이라는 단어를 만들고, 이 원소에는 라듐(^{88}Ra)이라고 이름 붙였다. 라듐은 과학계뿐 아니라 일반인들도 신기해했고, 인광 연두빛을 패션 아이템으로 사용하는 라듐 걸스는 당시 패션의 상징이 되기도 하였다.

방사능을 발견한 업적으로 퀴리 부부는 앙리 베크렐과 함께 1903년 노벨 물리학상을 수상했지만, 소문에 따르면 노벨상 위원회는 베크렐 1/2, 남편 피에르 퀴리에게 1/2 기여도를 인정하여 두 명 공동수상으로 끝내려 했다고 한다. 이 소식을 들은 피에르 퀴리가 마리 퀴리의 기여도를 강력하게 주장하면서 결국 피에르 퀴리 1/4, 마리 퀴리

1/4 기여도로 총 세 명이 공동 수상하게 되었다. 아직 여성 과학자가 인정받지 못하던 시대에 자신의 부인이지만 그런 주장을 했던 피에르 퀴리는 학문적 업적 외에도 인격적으로 존경할 만한 사람이라고 생각된다. 전문지식이나 권력은 높지만 인격적으로는 존경받지 못하는 사람이 많은 세상에서 피에르 퀴리와 같은 인품을 가진 사람을 지도교수로, 공동 연구자로, 남편으로 만날 수 있었던 것은 우연으로 설명하기에는 너무 잘된 일이었다.

노벨상을 수상하고 나서 피에르 퀴리는 소르본 대학 물리학과 교수로 임용되며 학자로서 최고의 명예를 얻게 되었다. 그러나 교수로 초빙된 지 바로 다음 해인 1906년 4월, 피에르 퀴리는 달려온 마차에 치어 갑자기 사망하고 말았다. 두 딸과 함께 남은 마리 퀴리의 충격은 대단히 컸다. 하지만 마리 퀴리는 좌절하지 않고 남편의 뒤를 이어 연구를 계속하였고, 학교는 당시 최첨단 연구 분야인 방사선과 방사성 원소를 연구할 적임자를 따로 찾을 수 없었기에 파리 대학교 역사상 첫 여성 교수로 마리 퀴리를 임명하였다. 그 후 마리 퀴리는 염화 라듐을 전기분해하여 아말감으로 분리한 후, 수소 환경에서 증류하여 순수한 라듐을 얻었고 이 업적으로 1911년 노벨 화학상을 단독 수상했다.

제1차 세계대전 때 마리 퀴리는 실험실에 가지고 있던 정제된 라듐 1 g을 금속 상자에 넣어 은행 금고에 보관하고는 전장을 누비며 활약하였다. 방사성 원소를 전쟁터에서 의료 진단용으로 쓸 수 있도록 간이 엑스선 장비를 만들고, 이동식 방사선 촬영 부대를 설립하여 다친 병사들의 골절 부위나 몸속에 박힌 파편 등을 진단하는 방사선 의학

의료지원을 한 것이다. 1895년 뢴트겐이 발견한 엑스선 진단장치는 이미 외과 의사들에게 꼭 필요한 진단도구였지만, 대형 병원에서나 사용할 수 있는 장치였다. 마리 퀴리는 모니코 산체스 모레노가 발명한 휴대용 엑스레이 기계를 트럭에 실어 전선에서 사용할 수 있는 방법을 개발하였다. 그리고 주변 사람들의 재정 지원을 통해 20대의 차량을 갖추고 150명의 운영요원을 훈련시켜 '르 쁘띠 퀴리'로 알려진 이동부대를 운영하면서, 여러 병원에 설치된 200대의 고정식 방사선 진단기를 활용하여 백만 명 이상의 부상 병사를 방사선으로 진단하고 치료하였다. 진단기기와 트럭을 살 돈이 모자라자 그녀 자신의 노벨상 메달을 프랑스 정부의 전쟁 국채를 사기 위해 제출했지만 받아들여지지 않았다는 이야기도 전해진다. 파란만장한 생을 살았던 마리 퀴리는 백혈병으로 고생하다가 1934년 세상을 떠났다.

마리 퀴리는 젊은 나이에 노벨상을 수상하고 유럽 학계에서 유명인사가 되었지만, 뛰어난 업적을 남겼음에도 불구하고 남성이 지배적인 당시 유럽과 프랑스 과학 분야에서 여성으로서 어려움도 많이 겪었다. 그녀를 존경하고 물심양면으로 도와주려는 과학자들 못지않게, 질투하는 마음으로 안 좋은 소문을 퍼뜨리고 그녀를 방해하는 과학자들도 있었기 때문이다. 그녀는 차별과 관습에 싸우며 연구와 사회공헌을 통해 자신의 가치를 증명하였다. 1995년 그녀의 유해는 쎄오 공동묘지에서 발굴되어 파리의 판테온으로 남편과 함께 옮겨졌는데 유골에서 라듐이 검출되지 않았기 때문에 그녀가 평생 아팠던 것은 폴로늄이나 라듐 같은 방사성 원소 때문이 아니라 '르 쁘띠 퀴리' 활동하면서 감마선이나 엑스선에 노출되었기 때문이라고 추측되었다. 마리 퀴리는 판테온에 자신의 업적으로 안장된 첫 번째 여성 과학자이자, 유로화가 사용되기 전 프랑스 500프랑 지폐에 인쇄된 인물이기도 했다. 인생은 짧다, 그러나 과학은 길다.

동위 원소

주기율표에서 모든 원소에 관해 제공하는 정보가 있다. 예를 들어 산소 원자를 보면 아무리 간단한 주기율표라고 해도 원자 번호 8번, 원소 기호 O, 원자량 16.0이라는 정보는 공통적으로 제공한다. 원자량이 원자의 질량이라고는 하지만, 실제로 전자의 무게는 양성자의 무게의 1/1700 정도이기 때문에 전자 열 개를 잃거나 받아들여 이온이 되도 원자와 이온의 무게 차이는 1/170로 보통의 경우 전자의 무게는 무시하고 사용한다. 원자량의 단위는 원자 질량 단위(amu)로 표시하기 때문에 산소 원자로 돌아가서 말하면, 원자량 16 amu, 원자 번호 8번이 되는 것이다. 원자량이 원자핵의 무게나 다름없고, 원자핵에는 질량이 1 amu로 비슷한 (똑같지는 않다) 양성자와 중성자가 있다면 산소 원자의 질량은 원자핵에 16개 정도의 핵자가 있다고 볼 수 있다. 실제로 원자핵에 양성자 8개, 중성자 8개가 있다면 그 원자의 원자량은 16이 된다. 이런 산소를 O−16 혹은 ^{16}O라고 표시한다.

그런데 만약 중성자가 2개 더 있다면 어떻게 될까? 원자핵에 양성자 8개, 중성자 10개가 있다 하더라도, 양성자의 숫자는 여전히 8개이기 때문에 이 원자는 산소이다. 다만 질량수, 즉 중성자수와 양성자

수의 합이 다른데 이런 원소를 O−18이라고 쓰고(또는 ^{18}O), 산소 원자의 동위 원소isotope라고 부른다. 두 동위 원소는 양성자의 숫자가 같기 때문에 같은 원소 기호를 쓰는 같은 종류의 원자이다. 양성자의 숫자에 따라 중성 원자에서 전자의 개수가 정해지기 때문에, 동위 원소끼리는 질량 같은 물리적 성질은 일치하지 않을 수 있지만 화학적 성질이 같다. 원자의 화학적 성질은 전자 배치, 그것도 제일 밖의 전자궤도에 있는 전자의 수에 따라 많이 좌우되기 때문이다.

지구상에 존재하는 자연 존재 원소 가운데 20여 개는 동위 원소 없이 딱 한 종류의 원자만 발견되지만, 나머지 원소들은 동위 원소가 적게는 2개에서 많게는 10개 이상 있는 것까지 다양하다. 주기율표를 주의 깊게 살펴보면 원자량이 소수점으로 표시된 원소들이 있는데, 그 이유가 바로 동위 원소 때문이다. 가령 원자 번호 17번 염소 원자를 보면 원자량이 35.453 amu이다. 그런데 아무리 생각해 봐도 양성자 17개, 중성자 18.453개로 원자핵이 구성되어 있을 수는 없다. 이 수치는 자연계에 존재하는 ^{35}Cl과 ^{37}Cl의 비율에 따라 그 평균값을 구하여 쓴 수치이다. ^{35}Cl은 약 75.8%, ^{37}Cl은 약 24.2% 존재한다.

$$(35 \times 0.758) + (37 \times 0.242) = 35.5 \text{ amu (반올림함)}$$

Cl−35와 Cl−37이 섞여 있어도 내가 필요에 따라 원하는 동위 원소를 골라 쓸 수 있다면 얼마나 좋을까? 그럴 수 있다면 원자폭탄 제조에 필요한 우라늄−235 동위 원소를 구하기도, 농축하기도 쉬울 것이다. 우라늄은 15개 이상의 동위 원소가 있는데 우라늄−235는 자연계에 0.72% 밖에 존재하지 않아서 95% 이상 농축하려면 먼저 많은 양의 우라늄광을 확보해야 하고, 그중에서 우라늄-235 동위 원소만을 분리해 내야 한다. 이차대전 때 맨해튼 프로젝트에서 미국은 여러 가지 방법으로 우라늄 농축을 시도하였고 그중 미세한 질량수 차이를 이용한 원심분리 방식이 지금도 많이 쓰이고 있다. 우라늄을 빨래건조기 비슷하게 생긴 원심분리기에 넣어서 빠른 속도(1분에 수만 회전)로 돌리면 무거운 우라늄-238이 밖으로 몰리고 가벼운 우라늄-235는 상대적으로 안쪽에 모인다. 이를 반복하면 우라늄-235를 농축할 수 있는데 북한도 핵무기용 우라늄을 농축할 때 이 방법을 쓰고 있다. 고속으로 회전하는 원심분리기를 만드는 데 필요한 고강도 알루미늄을 대량 구입해 만든 것으로 추측된다.

방사성 붕괴

우라늄, 라듐 같은 천연 방사성 원소는 원자핵이 불안정하다고 할 수 있다. 원자핵이 불안정하기 때문에 안정한 작은 크기의 원자핵으로 쪼개지는데 이를 방사성 붕괴라고 한다. 핵분열은 무거운 핵nucleus이 중간 크기의 두 원자핵으로 쪼개지는 현상을 말한다. 이때 부서진 원자핵 조각들로는 몇 개의 핵자nucleon 또는 헬륨이나 삼중수소와 같은 아주 가벼운 핵들이 나온다. 방사성 붕괴를 하면서 원자핵은 양성자의 숫자가 변하므로 한 원소가 다른 원소로 바뀌는 것을 관찰할 수 있다. 핵분열을 하기 전의 핵의 질량은 분열 생성물의 질량을 모두 더한 것보다 크다. 질량의 차이는 핵분열 전후의 에너지 차이로 환산할 수 있는데, 핵자당 결합 에너지binding energy가 다르기 때문이다. 따라서 에너지만 따졌을 때는 핵분열은 자발적으로 일어날 수 있다. 그럼에도 불구하고 자발적으로 일어나는 핵분열은 확률이 매우 낮기 때문에 아직도 우리 주변에서 핵분열이 일어날 수 있는(일어나기 전인) 원자들을 볼 수 있다. 그렇지 않았다면 모든 원소는 빠르게 핵분열을 반복하여 다른 원소로 변환되고 말았을 것이다.

1932년 영국에서 제임스 채드윅Sir James Chadwick, 1891~1974이 중성자를 발견하고 노벨 물리학상을 수상하자 과학자들은 중성자를 원자핵에 쪼여 집어넣어, 원자량을 증가시켜 보려고 하였다. 양전하를 띠고 있는 원자핵에 전기적 반발력을 피하면서 어느 정도의 질량을 가지고 있는 중성자를 이용하면 핵반응nuclear reaction이 일어날 것으로 생각했기 때문이다. 유태인 부인을 구하기 위해서 이탈리아에서 미국으로 망명했던 물리학자 엔리코 페르미Enrico Fermi, 1901~1954는 다양한 원자핵에 중성자를 쪼여 원자핵이 바뀌는 실험을 하였고 많은 과학자들이 높은 에너지를 가진 중성자로 만족할 만한 성과를 거두지 못하고 있을 때 느린 중성자를 원자핵에 집어넣을 수 있었다. 이 실험 결과로 페르미는 1938년에 노벨 물리학상을 수상하였다.

독일의 오토 한Otto Hahn, 1879~1968과 프리드리히 슈트라스만Friedrich Wilhelm "Fritz" Straßmann, 1902~1980은 함께 페르미의 실험을 다시 해보던 중 우라늄에 중성자를 쪼인 후 질량이 크게 차이가 나는 바륨 원자핵이 만들어진 것을 발견하였다. 이것은 중성자를 흡수한 원소가 원자 번호나 질량수가 한두 개만 바뀌는, 페르미가 주장하던 핵반응과는 완전히 다른 새로운 종류의 반응이었다. 한과 슈트라스만은 우라늄 원자핵에 중성자를 집어넣어 자연계에 존재하지 않는 무거운 원자핵을 가진 원소를 만들려고 했었지만 원자 번호가 36개나 작은 바륨(^{56}Ba)을 만들고 말았으니 크게 실패한 것이었다. 그러나 과학의 발전은 실패에서 시작된다. 아주 이상한 실험 결과였기 때문이다. 자신들이 최초로 원자 핵분열을 관찰했다는 것을 이해하지 못한 오토 한은 함께 실험을 해 오다가 스웨덴으로 망명했던 여성 물리학자 엘리제 마이트너Elise "Lise" Meitner, 1878~1968에게 편지를 써서 말도 안 되는 실험 결과를 설명해 주었다.

마이트너는 오스트리아 출신 여성 물리학자로 독일에서 주로 활동하여 원자핵 물리학에서 많은 업적을 내고 있었고, 히틀러가 집권하여 많은 유대인 과학자들이 독일을 떠나는 와중에도 연구를 계속하였다. 수소 원자 두 개를 합쳐 헬륨 원자를 만드는 핵융합 연구는 독일이 아니라면 유럽 다른 곳에서 하기 힘들었기 때문이었다. 그러나 뮤지컬 영화 〈사운드 오브 뮤직〉에서 나오는 것처럼 독일이 오스트리아를 병합하고 독일 최초 여성 물리학 교수 자리와 모든 공직을 잃게 되자, 루터교로 개종하기는 하였지만 유태인이기도 했던 마이트너는 미련 없이 스웨덴으로 망명하였다. 히틀러가 "그 오스트리아 출신 여자 물리학자가 해외로 나가지 못하게 감시하라."는 명령을 내린 상태였기 때문에 유럽 각지의 물리학자들의 도움으로 망명에 겨우 성공한 후였다. 편지를 읽자마자 마이트너는 이 현상이 우라늄 원자핵이 바륨 원자핵으로 '쪼개져서' 나온 현상이라는 직관적 해석을 하였다. 이 해석대로 오토 한은 인공적으로 핵분열에 성공한 공로로 1944년 노벨 화학상을 단독 수상하였으나, 공동연구자였던 마이트너는 끝내 노벨상을 받지 못했다. 학계에서는 노벨상 위원회가 편파적이었다고 비난했지만, 1966년 미국 페르미상은 같은 업적에 대해 한, 마이트너, 슈트라스만에게 공동수상을 하여 노벨상 위원회와 차별화하였고, 국제순수 및 응용 화학 연합(IUPAC)은 1997년 합성된 109번 원소에 마이트너륨(^{109}Mt)이라는 이름을 붙여 주었다.

핵분열에서 나오는 중성자는 또 다른 원자핵에 흡수되어 핵분열을 일으킬 수 있으므로 충분한 원자핵이 농축되어 있으면 연쇄반응이 가능하다. 이때 원자핵을 이루는 양성자와 중성자들의 결합 에너지의 차이가 생기고 이로 인하여 막대한 에너지를 얻을 가능성이 있다. 원자핵 질량이 조금 달라지는 것에 따른 이 에너지는 아인슈타인이 말한 $\Delta E = (\Delta m)c^2$ 식으로 설명되고, 과학자들의 목표는 이 원자핵 에너지를 사용하는 방법을 찾아내는 것이었다. 물론 원자핵을 쪼개지 않고 태양에서 일어나는 반응처럼 원자핵을 융합시켜도 핵에너지를 얻을 수 있다. 하지만 1940년대에는 핵융합 실험은 기술적으로 아직 불가능했고, 핵분열 실험도 겨우 진행할 수 있는 여건이었다. 독일, 일본, 영국, 이탈리아 등 당시 과학 선진국들은 모두 원자핵 에너지를 이용한 실험에 관심을 가지고 있었다. 그러나 유럽의 많은 과학자들이 나치와 파시즘의 만행을 피해서 조국을 떠나게 되었고, 이들은 영국과 미국으로 모이게 되었다.

전 세계에서 가장 유능한 과학자들이 모였으니 과학은 갑자기 발전할 수밖에 없었는데, 미국은 이때 가장 큰 비약을 이루었다. 그러던 중 1939년 이차 세계대전이 일어나자 연합군이 먼저 원자폭탄을 만들어야 한다고 생각했고, 그 작업은 미국 본토에서 해야 한다고 프랭클린 루스벨트Franklin Delano Roosevelt, FDR 대통령을 설득하게 되었다. 일단 루스벨트 대통령이 결심하자 인류는 핵에너지를 사용하는 방법을 알아내고, 이를 이용한 폭탄까지 개발하게 되었다. 과학자들은 갑자기 자신의 대학이나 연구소에서 사라졌고 가족들조차 그들이 어디에 있는지 알 수 없었다. 맨해튼 계획이 실행된 것이다. 전쟁 속 극비리에 진행된 미국의 원자폭탄 제조 계획은 우라늄을 사용한 폭탄과 플루토늄을 사용한 폭탄을 하나씩 만들어내는 데 성공하였다. 영국과 미국의 지도자였던 윈스턴 처칠 수상과 루스벨트 대통령의 별명이었던 '뚱보fat man'와 '작은 소년little boy'로 불렸던 두 폭탄은 독일이 항복한 덕분에 유럽에서는 사용되지 않았고, 끝까지 항복하지 않던 일본에 사흘 간격으로 투하되었다. 바닷가 군수공장 지역이었다고 하지만 히로시마와 나가사키에 떨어진 폭탄의 위력은 대단했다. 버티던 일본은 즉시 항복했고 세계 대전은 끝났다. 인류는 핵에너지의 위력을 알게 되었고, 이런 무기를 만들어낸 과학자들을 보고 과학의 잠재력을 다시 생각하게 되었다.

핵무기를 만드는 데 크게 혹은 작게 기여했던 과학자들은 참혹했던 전쟁을 끝낼 수 있었으니 모두 기뻐했을까? 어떤 과학자는 자신이 알아낸 원자핵의 비밀과 그것을 이용해서 만들어낸 폭탄이 전쟁에서 많은 민간인을 몰살시켰다는 사실에 우울해하기도 하였다. 이런 기술을 경쟁 국가가 알아야만 안전할 수 있다는 논리로 극비 정보를 소련에 유출시키기도 하였다. 소련은 이차 세계대전에서는 정치체제는 달랐지만 미국, 영국과 같은 편이었기에 그렇게 하는 것이 좋다고 판단한 것이었다. 다른 과학자는 더 억제력이 강한 무기를 계속 개발해서 세계 평화를 유지해야 한다고 생각하기도 하였다. 어떤 방식도 세계에 평화와 완전을 가져오지 못했다. 미국과 소련 사이의 불신은 깊어져 갔고 냉전을 겪었으며 그 와중에서 상대 국가뿐 아니라 지구도 멸망시킬 핵무기를 개발하여 폭격기와 미사일, 핵잠수함을 통해서 발사할 수 있는 체계를 만들었다. 그뿐이 아니다. 핵무기 제조 기술은 점점 유출되어 이제 핵무기를 가진 국가의 수는 늘어만 가고 있다.

이 모든 일이 원자핵을 쪼개고 합치고 초중량원소를 만들어 보던 과학자들이 판도라의 상자를 하나씩 열어 보듯 자연의 숨겨진 비밀을 알아낸 것에서 시작되었다. 이 정도면 원자와 분자에 대한 연구는 다 끝났을까? 하지만 궁금한 표정으로 졸린 눈을 비비며 실험 결과를 지켜보고 있을 과학자들의 호기심을 어쩌란 말인가. 나는 볼 수 없겠지만 백 년 뒤에는 또 어떤 새로운 세상이 펼쳐질지 궁금하다. 원자의 춤은 지금도 진행중이다.

관련 화학 개념

■ 돌턴의 원자론

- 모든 물질은 원자로 불리는 더 나눌 수 없는 작은 입자로 구성된다.
- 각 입자는 고유한 특성을 지니고 있다.
- 원자들은 파괴되거나 만들어지지 않는다.
- 원자가 특정 비율로 결합하여 화합물을 형성하고 화학 반응은 원자의 재배치로 일어난다.

■ 이온 결합

양이온과 음이온이 만나 이루어지는 이온 결합 화합물 중에 대표적인 것은 소금(NaCl)이다. 주기율표를 보면 Na는 11번, Cl은 17번 원소이다. 전자 배치와 팔전자 규칙에 따라 Na는 +1가 양이온이 만들어지기 쉽고, Cl은 −1가 음이온이 만들어지기 쉽다. 이들 두 이온이 전기적인 인력으로 이온 결합을 형성하고, 규칙적으로 배치되면 NaCl 결정이 된다.

■ 화학 전지

화학 전지는 산화 반응과 환원 반응이 동시에 일어나면서 전자의 흐름을 만들어낸다. 아연을 산화 전극으로, 구리를 환원 전극으로 하는 화학 전지는 1.10 V의 전위차를 발생한다. 이러한 전지는 다음과 같이 표기한다.

$$\mathrm{Zn} \mid \mathrm{Zn}\ \text{수용액} \parallel \mathrm{CuSO_4}\ \text{수용액} \mid \mathrm{Cu} \qquad E^\circ = 1.10\ \mathrm{V}$$

■ 핵분열

핵분열은 ^{235}U 원자핵이 중성자가 충돌하면 두 개의 가벼운 원소의 핵으로 쪼개지는 것으로 처음 관찰되었다. 이 반응에서 약 3.5×10^{-11} J의 에너지가 방출된다.

$$^{1}_{0}n + {}^{235}U \rightarrow {}^{141}Ba + {}^{92}Kr + 3^{1}_{0}n$$

참고문헌

라이언 노스 지음, 조은영 옮김, 『길 잃은 시간여행자를 위한 문명』, 웅진지식하우스(2019).

리처드 랭엄 지음, 조현욱 옮김, 『요리본능』, 사이언스북스(2011).

마르틴 슈나이더 지음, 조원규 옮김, 『테플론, 포스트잇, 비아그라－부엌에서부터 성생활까지의 과학 혁명』, 작가정신(2004).

사쿠라이 히로무 지음, 김희준 옮김, 『원소의 새로운 지식』, 아카데미서적(2002).

샤론 버치 맥그레인 지음, 이충호 옮김, 『화학의 프로메테우스－현대 문명을 연 아홉 명의 화학자들』. 가람기획(2002).

아담 로저스 지음, 강석기 옮김, 『프루프－술의 과학－사소한 이야기』, 엠아이디(2015).

옌스 죈트겐 지음, 비탈리 콘스탄티노프 그림, 송소민·강영옥 옮김, 『교양인을 위한 화학사 강의』, 반니(2018)

오미야 노부미쓰 지음, 오근영 옮김, 『나 화학 맞아?』, 도서출판 모아(1997).

원정현, 『세상을 바꾼 화학－화학의 역사가 세상의 근원을 바꿨다!』, 리베르스쿨(2021).

위르겐 블레커 지음, 정인회 옮김, 『누구나 화학－생활 속에서 재미있게 배우는 화학 백과사전』. Gbrain(지브레인)(2012).

존 허드슨 지음, 고문주 옮김, 『화학의 역사』, 북스힐(2005).

최원석, 『세상을 움직이는 화학－화학 없이는 문명도 없다』, 다른(2015).
크리스틴 메데페셀헤르만·프리데리케 하마어·한스위르겐 크바드베크제거 지음, 권세훈 옮김, 『화학으로 이루어진 세상』, 에코리브르(2007).
필립 볼 지음, 고원용 옮김, 『화학의 시대』, 사이언스북스(2001)
필립 볼 지음, 고은주 옮김, 『원소－세상을 이해하는 가장 작지만 강력한 이야기』, 휴머니스트(2021).
필립 볼 지음, 정옥희 옮김, 『실험에 미친 화학자들의 무한도전』, 살림FRIENDS(2012).

찾아보기

ㄱ

갈릴레오 갈릴레이 102
감마선 242
공감 가루 100
과포화 123
과학 202
광섬유 64
교토의정서 111
구스타프 키르히호프 221
국제 도량형 총회 103
국제 킬로그램 원기 103
균일 혼합물 27
그리스 불 73
극성 123
글루코스 49
금 142
길버트 루이스 153

ㄴ

네이팜 76
뇌 45
니시 아마네 203
니콜라우스 브륀스테드 119
니호늄 234

ㄷ

다이아몬드 149
단백질 51
데모크리토스 17
데이비 등 218
도심 채굴 144
도핑검사 32
돌터니즘 196
돔 페리뇽 140
동물전기 209
동위 원소 248
듀퐁 177
드미트리 이바노비치 멘델레예프 219

ㄹ

라듐 245
라이너스 폴링 153
레미제라블 179
레우키포스 18, 68
로버트 보일 114
로베르트 분젠 221, 237
로스트비프 47
로알드 호프만 162
로열 퍼플 59

록펠러 센터 37
루나 소사이어티 116
루뱅 105
루이스 전자점 154
루이지 갈바니 209
리비아 사막 유리 61
리처드 랭엄 45
리처드 제어 30
리처드 파인만 16

ㅁ

마리안느 피에레트 폴즈 178, 180
마리 퀴리 239, 243
마우나로아 관측소 107
마이야르 반응 47
마이트너륨 253
맨틀 21
메리 셸리 209
멘델레븀 224
멘델레예프 208
명명법 25
모래 60
모브 59
모엣 샹동 140
몰농도 122
무기물 23
무라노 63
물 26
물리적 변화 151
물질대사 52
밀레투스 학파 18

ㅂ

반응 속도 160
반전자 241
방사능 240
베네치아 63
베타선 240
보이저호 19
볼프강 되베라이너 225
분압 법칙 197
분자 충돌론 157
불균일 혼합물 27
불편한 진실 109
브라이언 키블 105
비료 126
비활성 기체 154
뽑힘성 141
뿌리혹박테리아 130

ㅅ

산 116
산화 이질소 215
샬롯 코데이 178
샹파뉴 140
석영 60
선발명주의 186
선출원주의 186
세라믹 41
세포막 24
소금 118
수득률 57
수용성 비타민 123
순물질 26
스반테 아레니우스 118
스타니슬라오 칸니차로 206
실험 노트 184

ㅇ

아낙시메네스 68
아닐린 59
아르날두스 빌라노바 139
아리스토텔레스 68
아미노산 80
아보가드로 205
아보가드로 수 204
아에스킬로스 38
아우구스트 케쿨레 25
안젤로 바로비에 63
알 고어 109
알 라지 92
알렉산드로 볼타 210
알렉상드로-에밀 베귀예 드 샹쿠르토아 225
알파선 240
압력 112
앙리 빅토르 르뇨 221
앙투안 로랑 라부아지에 163, 173
앙투안 앙리 베크렐 239
애보트 186
얀 밥티스타 반 헬몬트 99
양조 53
어니스트 러더퍼드 213
에반젤리스타 토리첼리 112
엔리코 페르미 251
엔스 야코브 베르셀리우스 211
엘레아학파 68
엘리제 마이트너 252
엠페도클레스 68
연소 반응 44
열오염 123
영국 과학진흥협회 200
영국왕립협회 198
오토 한 251
옥시젠 175
옥텟 규칙 154
온도 158
온실효과 106
왕수 92
요제프 폰 프라운호퍼 235
용액 121
용해도 121
우라늄 농축 250
원소 20
원자 20
원자론 16
원자 방출 분광법 237
원자질량단위 204
원자폭탄 253
윌리엄 크룩스 126, 238
윌리엄 헨리 퍼킨 59
윌리엄 헨리폭스 텔벗 236
유기물 23
유리 60
유리불기 62
유스투스 폰 리비히 25
이븐 시나 93
이산화 탄소 106
이오니아 67
이온 214
이온곱 120
이원 이론 212
이집션 블루 58
이화반응 52
인 86
인공 다이아몬드 149

ㅈ

자비르 이븐 하이얀 91
자크 루이 다비드 178
장 폴 마라 177
전자 213
점성술 65
제임스 보스웰 45
제임스 채드윅 251
조셉 라이트 86, 113
조영제 124
조제프 루이 프루스트 193
조제프 존 톰슨 213
조지프 프리스틀리 168
조합 화학 31
존 뉴랜즈 226
존 돌턴 195
주기율표 222, 231
주정 55
줄리어스 로타르 마이어 226
중성자 248
중화반응 118
지구종말시계 78
지용성 비타민 124
질소 127
질소 비료 129

ㅊ

찰스 데이비드 킬링 107
찰스 배비지 200
철학자의 돌 84
치사량 94

ㅋ

카라바조 54
카를 보슈 130
카를스루에 221
칼 벨제인 207
칼 빌헬름 셸레 163, 165
칼 세이건 19
칼 제라시 162
콘스탄티노플 71
콜로이드 121
크림 전쟁 221
클로드 루이 베르톨레 193
키블 저울 105
킬링 곡선 107

ㅌ

탄수화물 49
탈레스 67
테트로도톡신 95
토머스 마틴 로우리 119
토파나 수 94
투탕카멘 137
트로이온스 146
티리안 퍼플 58
틴들 121

ㅍ

파라그라늄 99
파라셀수스 97
페니키아 58
펩타이드 결합 51
펼침성 141
평균 속도 159
포화 122
폴로늄 244
폴 하워드 맨섭 38

프랑스 대혁명 176
프로메테우스 38
프리드리히 뵐러 23
프리드리히 슈트라스만 251
프리츠 하버 129
플로지스톤 164
플리니우스 65
피에르 퀴리 239
피타고라스 68
피터 데사가 237

ㅎ

하버-보슈 공정 131
하워드 카터 137
학술원 200
해리 포터 85
핵분열 252
핵융합 252
험프리 데이비 212, 215
헤니히 브란트 86
헤파이스토스 38
현탁 122
혼합물 26
화염방사기 76
화학 결합 155
화학 반응식 43
화학적 변화 151
화학정보색인 27
화학 철학 201
화합물 26
흡수 분광법 238

기타

ADP 53
ATP 53
PET 241
pH 120

원자의 춤

인물, 사건, 문화로 살펴보는 화학 이야기

저　　자　이영식
발 행 인　김지영
발 행 처　자유아카데미
주　　소　경기도 파주시 회동길 37-42
　　　　　파주출판도시
전　　화　031-955-1321
팩　　스　031-955-1322
홈페이지　www.freeaca.com
전자우편　main@freeaca.com(대표)
　　　　　editor@freeaca.com(편집)
　　　　　crm@freeaca.com(영업)
등　　록　제406-2003-017호, 1980. 7. 12
제1판1쇄　2024년 3월 2일 발행

무단 복제를 금하며, 잘못된 책은 바꾸어 드립니다.
ISBN 979-11-5808-586-5 93430